• 国家自然科学基金项目（52378001）
• 安徽省社会科学创新发展研究课题（2022CX117）
• 安徽省高校社会科学研究重点项目（2023AH050160）
• 安徽省新时代育人研究生质量工程项目
（2022ghjc085/2023shsjsfkc021）
• "江淮文化名家"引育工程青年英才项目
• 金寨县人民政府智库专家咨询课题研究成果

城乡景观风貌统筹规划

聂玮 干申启 李罡 著

化学工业出版社

· 北京 ·

内 容 简 介

本书系统阐述了城乡景观风貌统筹的基本概念、调查方法和技术路线等，并结合金寨县实证研究构建城乡景观风貌评价体系，开展城乡景观风貌统筹评价和规划实践，最后以案例形式分析乡土性回嵌风貌的设计策略。

本书可供城乡规划、风景园林、环境艺术等专业的师生，以及从事城乡规划、景观设计等工作的技术人员使用，也可作为自然资源和规划系统从事技术和管理工作人员的参考用书。

图书在版编目（CIP）数据

城乡景观风貌统筹规划 / 聂玮，干申启，李罡著.
北京：化学工业出版社，2025.8. -- ISBN 978-7-122
-48476-5

Ⅰ. TU983

中国国家版本馆 CIP 数据核字第 2025H20B15 号

责任编辑：毕小山　　　　　　　　文字编辑：冯国庆
责任校对：李露洁　　　　　　　　装帧设计：刘丽华

出版发行：化学工业出版社
　　　　　（北京市东城区青年湖南街 13 号　邮政编码 100011）
印　　装：中煤（北京）印务有限公司
787mm×1092mm　1/16　印张 11¼　彩插 8　字数 255 千字
2025 年 8 月北京第 1 版第 1 次印刷

购书咨询：010-64518888　　　　　　售后服务：010-64518899
网　　址：http://www.cip.com.cn
凡购买本书，如有缺损质量问题，本社销售中心负责调换。

定　　价：98.00 元　　　　　　　　版权所有　违者必究

　　城乡景观风貌作为人类文明与自然环境交互作用的空间表征，承载着地域特色的文化基因与生态智慧。在新型城镇化与乡村振兴战略协同推进的时代背景下，如何统筹城乡景观风貌建设，实现自然生态保护、历史文化传承与现代发展的有机统一，已成为当前城乡规划领域的重要课题。本书以安徽省金寨县为典型案例，通过系统考察城乡景观风貌的现状问题及优化路径，旨在构建一套科学完整的城乡景观风貌统筹规划理论与方法体系。

　　金寨县地处大别山腹地，兼具革命老区、生态功能区和文化保护区等多重属性，其城乡景观风貌演变过程具有典型性和代表性。该地区在快速城镇化进程中，既面临着城市风貌趋同化、乡村特色消失等普遍性问题，又面临着生态保护与发展的特殊矛盾。这些现实挑战为本书提供了丰富的研究素材和实践场景。

　　本书以"城乡景观风貌统筹规划"为主题，立足于城市更新与乡村振兴的双重政策背景，旨在探索城乡景观风貌的动态演进规律、核心价值体系及协同规划路径，并聚焦以下核心问题：如何通过政策联动与技术创新破解城乡风貌特色危机？如何构建科学评价体系以识别地域景观风貌的多元价值？如何在规划实践中实现生态保护、文化传承与空间发展的有机统一？通过对这些问题的深入剖析，本书试图为城乡景观风貌的可持续管理提供理论支撑与实践工具。

　　本书遵循"理论构建—问题诊断—方法创新—实践应用"的研究逻辑，系统探讨城乡景观风貌统筹规划的多个维度。全书共分为8章：第1章，从政策与理论层面梳理城乡景观风貌的动态演进机制，解读城市更新与乡村振兴的关联性，并辨析城乡统筹、一体化与融合发展的内涵差异；第2章，基于现实困境反思城市化，以及乡村建设中的风貌异化现象，并提出"显山露水""荒野之美""城乡相融"的核心价值导向；第3章，整合GIS、虚拟现实、人因工程学等跨学科方法，系统构建城乡景观风貌调查与评价的技术体系；第4章，从生态系统协调、公众参与、政策法律等维度提出统筹规划的发展路径；第5~8章，以安徽省金寨县为实证案例，完成评价体系构建、单元划分、特征解析及管控策略设计，形成从理论到实践的完整闭环。

本书的创新性体现在三个方面：其一，突破传统城乡二元视角，提出"景观风貌单元"作为统筹规划的基本空间单元；其二，融合定量分析与质性评价，构建包含自然地理、景观感知、历史文化等维度的综合评价模型；其三，结合大别山革命老区的典型性，探索生态敏感区、文化保护区等特殊地域的风貌管控方法。本书不仅为金寨县提供可直接应用的规划工具，也为同类地区的景观风貌治理贡献可推广的范式。

在生态文明建设与文化自信强化的时代背景下，城乡景观风貌规划已超越单纯的美学范畴，成为国土空间治理体系和治理能力现代化的重要组成部分。期望本书能为规划师、政策制定者及研究者提供启发，共同推动城乡景观从"千城一面"走向"各美其美"，实现人与自然、传统与现代的和谐共生。

著　者

2025年4月

目录

第 3 章

城乡景观风貌的调查与评价 / 042

第 4 章

统筹城乡景观风貌的发展规划 / 072

第 5 章

金寨县城乡景观风貌评价体系构建 / 083

▪ ▪ ▪ ▪ ▪ ▪ ▪ ▪ ▪ ▪

第6章

金寨县城乡景观风貌评价实践 / 100

▪ ▪ ▪ ▪ ▪ ▪ ▪ ▪ ▪ ▪

第1章

导论
——城乡景观风貌动态演进

1.1
城市更新与乡村振兴政策解读

1.1.1 引言

　　城市作为经济和文化中心，其发展直接关系到国家和地区的整体发展。城市更新可以提升城市形象、改善城市环境、提升居民生活质量，促进经济增长和社会进步。农村是国家粮食安全和农业发展的基础，也是构建社会主义新农村的重要组成部分。

　　城市更新和乡村振兴的关联在于人口流动及城乡一体化发展。城市更新可以提供更好的城市生活环境和就业机会，吸引农村人口流入城市；乡村振兴可以改善农村经济和生活条件，吸引城市人口回流农村。城市和乡村都是经济发展的重要组成部分，城市更新和乡村振兴的协同推进可以实现城乡经济的互补和共同发展，推动区域经济的全面增长。城市更新和乡村振兴的关联还在于追求社会公平和可持续发展。城市更新可以提供更好的公共服务和社会福利，减少城市内部的社会差距；乡村振兴可以改善农村社会保障和公共服务，缩小城乡差距，实现社会公平。

　　研究城市更新与乡村振兴政策的目的在于对政策的内容进行深入解读，包括政策的定义、目标、措施和实施效果等方面。这有助于全面了解政策的内涵和目标，掌握政策的具体内容和实施路径，并且能够分析政策对于城市和乡村发展的重要性及影响。也有助于评估政策的实施效果和推动力，提取出政策所蕴含的深层次意义，以及对社会经济、环境和文化等方面产生的影响，同时可以为相关政策制定者、实施者和研究者提供重要的解释和指导。通过深入理解政策的目的和意义，可以为政策制定和实施提供科学的理论依据及实践经验，促进政策的有效推进和改善。可以发现政策存在的问题和挑战，进一步探索新的政策思路和实施路径，推动政策的创新和进步。这些研究对于促进城市和乡村的可持续发展、优化政策效果和提升社会经济发展质量具有重要意义。

1.1.2 城市更新政策解读

城市更新的理念最初源于西方工业化国家，特别是英国在经历产业转移后为振兴衰退的工业城市而采取的一系列复兴措施。这些措施旨在优化老城区及人口流失区域的空间结构，促进经济复苏，提升城市活力与综合竞争力。随着全球化与地方化进程的推进，此类城市再生实践逐渐引起国际社会的广泛关注。

目前，学术界对城市更新的定义尚未形成统一共识。从学科视角来看，该领域具有显著的跨学科特征，涉及城市规划、建筑设计、人文地理、经济社会学及生态学等多个研究方向。同时，其实施模式也因地域政治经济背景的差异而呈现多样化特征。尽管不同学者对城市更新的理解存在分歧，但在核心内涵方面仍能达成一定共识。现有研究通常从理论层面和实践层面进行界定，既包括宏观的学理性阐释，也涵盖具体的操作化定义。

作为城市更新实践的先行者，英国在 1977 年发布的《城市白皮书：内城政策》中对该概念进行了系统阐释，强调其作为一种综合性策略，需要统筹考虑经济、社会、文化、政治及建成环境等多重维度。该文件特别指出，这个过程不仅需要物质空间层面的改造，更离不开各类社会机构的协同参与。与之相呼应，法国在 2000 年出台的《社会团结与城市更新法》则从可持续发展角度对这个概念进行了拓展，将其界定为通过优化空间资源配置、活化衰退城区以及促进社会融合来实现城市转型的发展路径。

城市演进是一个持续进行自我优化与重构的动态过程。作为城市发展的重要调节机制，更新活动既可能源于内生需求，也可能由外部因素驱动，其核心价值在于延缓或逆转城市机能的老化趋势。通过系统性的功能优化与结构调整，这个过程能够有效提升城市的综合承载力，确保其持续满足经济社会发展需求。在当代社会，随着科技进步和居民生活品质的提升，加之城镇化快速推进，城市再生已成为现代都市治理的关键环节。其实施范畴不断扩展，主要致力于实现以下多维目标：优化居民生活环境，推动产业结构转型，完善基础设施配套，重构空间格局，修复生态环境，保护历史文脉，激发城市内生动力，提高居民生活质量，以及促进社会文明进步等综合性发展战略。

城市更新作为一项系统性社会工程，其理论雏形最早形成于 20 世纪初期西方工业化国家。第二次世界大战后，欧美发达国家普遍经历了中心城市衰退现象，表现为人口外迁、产业空心化、税基萎缩、基础设施老化等一系列社会经济问题。为应对这个挑战，西方国家相继启动了城市再生计划，其实施策略经历了从激进式推倒重建到渐进式有机更新的范式转变，规划理念也从单一的物质空间改造升级为融合社会、经济、环境等多维度的综合治理模式。

在中国城镇化进程中，历史形成的旧城区普遍面临空间布局失调、建筑质量退化、公共服务不足等发展困境。改革开放以来，通过持续的城市建设，这些问题得到显著缓解。然而，当前旧城改造仍需应对物质环境老化、功能结构失调、历史遗产保护等多重挑战。实施城市更新必须统筹兼顾社会公平与整体效益，协调处理局部改造与全局发展、传统保护与现代建设、短期效益与长期目标等辩证关系，采取分类指导、分期实施的策略，建立多方参与的协同治理机制。

近年来，随着新型城镇化战略的深入推进，城市更新被赋予新的时代内涵。根据 2013 年城镇化工作会议和 2015 年城市工作会议精神，国家在"十四五"规划中明确提出实施城市更新行动，将其作为推动城市高质量发展的重要战略举措。这个政策导向标志着我国城市发展模式从规模扩张向品质提升的转型升级，为城市现代化建设开辟了新路径。

(1) 城市更新政策的定义和目标

城市更新政策是一系列针对老旧城区进行规划、改造和综合整治的政策及措施。它通过对老旧城区的规划和土地利用调整，确定合理的土地使用方式和功能布局。这包括更新城市总体规划、调整土地用途结构，确保城市空间的合理利用和功能的协调发展。对老旧、破旧的建筑物进行改造、翻新或重建，包括修缮外立面、更新内部设施、改善建筑的结构和安全性，以提升建筑的外观、功能和质量。改善公共设施和基础设施的供应及质量，可能涉及交通基础设施及改善，如道路、桥梁、公共交通系统的建设和改造；水电供应和排水系统的升级及扩建；通信和信息技术设施的提升等，以提高城市的基础设施水平和服务质量。同时也改善城市的环境质量和生态环境，包括减少污染物排放，改善空气和水质量，加强垃圾处理和废物管理，增加绿地和植被覆盖等，以营造更清洁、健康和宜居的城市环境。对历史文化遗产的保护和传承城市，包括对有历史文化价值的建筑和文化景观的保护、修缮及恢复；举办文化活动、艺术展览和文化节庆等，促进文化交流和艺术创作；建设文化设施和博物馆，提供文化服务和教育。

城市更新政策的目标是多方面的，主要是对城市环境的改善，包括改善空气质量、减少噪声和环境污染、提升城市景观等。通过提供更绿色、更美观和更宜居的城市环境，提高居民的生活质量和幸福感。同时提升居住条件，包括改善住房质量、增加优质住房的供应、提升住房的舒适性和安全性，以满足居民对于宜居住房的需求，旨在优化城市的功能布局和空间利用。通过调整和优化城市的功能区域，包括商业、居住、工业、文化等，提高城市的综合竞争力和吸引力。城市更新政策旨在追求社会公平和包容性，以确保所有居民都能够享受到城市发展的红利。这包括提供经济适用房和公共住房，改善基础设施和公共服务的覆盖范围，减少城市内部的社会差距，同时推动了城市的可持续发展。通过优化城市规划、建筑设计和能源利用，提高资源利用效率、降低碳排放、促进循环经济等措施，实现城市发展的经济、社会和环境的协调。

城市更新政策的定义和目标旨在实现城市的可持续发展、提升居民的生活品质、促进城市功能的优化，并保护城市的历史文化遗产。它具有综合性、系统性和长期性的特点，旨在推动城市的整体发展和社会进步。

(2) 城市更新政策的主要内容和措施

作为国家新型城镇化战略的核心构成，城市更新行动已被纳入"十四五"规划重大工程体系。自 2020 年中央做出顶层设计以来，全国超过 12 个省级行政区相继出台专项实施方案，形成从长三角城市群到成渝双城经济圈的空间响应格局。北京、上海等超大城市率先构建制度框架，徐州等二线城市创新实践模式，标志着我国城市发展正式进入存量更新与增量优化并重的新阶段。

该政策体系包含七大核心实施维度：在空间治理层面，通过国土空间规划修编实现三生（生产、生活、生态）空间重构，重点推进存量用地再开发与混合功能布局；在建成环境维度，实施建筑性能诊断与有机更新，兼顾历史风貌保护与现代功能植入；在社区营造领域，构建"微更新＋智慧治理"机制，完善15分钟生活圈配套设施；在交通系统方面，推进路网密度优化与绿色基建建设，发展 TOD［指以公共交通枢纽（如地铁站、轻轨站、公交枢纽等）为核心，进行高密度、混合功能的城市开发模式］导向的立体交通网络；在生态建设方向，开展城市双修工程，构建蓝绿交织的生态基础设施网络；在产业升级层面，通过工业遗产活化与创新空间培育实现新旧动能转换；在制度创新领域，建立多元主体协同机制与可持续资金保障体系。这些系统性举措共同指向提升城市韧性、改善民生福祉、延续文化基因三大战略目标，标志着我国城市治理从规模扩张向品质提升的深刻转型。

（3）城市更新政策对乡村振兴的启示和借鉴价值

城市更新政策对乡村振兴具有一定的启示和借鉴价值，包括综合规划、空间布局、基础设施和公共服务、文化保护、社会参与和可持续发展等方面。乡村振兴可以借鉴城市更新的经验，结合乡村实际，探索适合乡村振兴的政策和实施路径，促进乡村发展的全面提升。

城市更新政策注重整体规划和综合推进，将经济、社会、环境等多个方面考虑在内。乡村振兴也需要进行全面规划，整合资源、协调各项工作，以实现乡村发展的综合目标。城市更新政策在空间利用和布局方面进行调整，提升城市功能和竞争力。乡村振兴可以借鉴城市规划的经验，合理规划和布局农村资源、功能区域，推动乡村经济、生态、文化等方面的协同发展。城市更新政策注重提升基础设施和公共服务水平，改善居民的生活条件。乡村振兴也需要注重基础设施建设和公共服务提升，包括交通、水电、通信等方面，为乡村居民提供更好的生活保障和便利条件。城市更新政策注重保护和传承历史文化遗产，提升城市的文化魅力和吸引力。乡村振兴也应注重保护乡村的文化遗产，传承乡土文化，挖掘乡村特色，以丰富乡村发展内涵和提升乡村形象。城市更新政策鼓励社会参与，使居民能够参与决策和项目实施过程。乡村振兴也应注重广泛动员和调动社会力量，激发农民的主体性和创造力，形成乡村振兴的广泛合力。城市更新政策倡导可持续发展，注重生态环境保护、资源利用和经济社会发展的协调。乡村振兴也应秉持可持续发展的理念，推动农业现代化、生态保护与恢复、乡村产业转型升级等，实现乡村发展的长期可持续性。

1.1.3　乡村振兴政策解读

（1）乡村振兴政策的定义和目标

乡村振兴政策是国家为解决城乡发展不平衡、农业农村现代化滞后等深层次矛盾而实施的系统性战略工程，其本质是通过制度创新重构城乡要素配置关系。该政策以2017年党的十九大报告为起点，以《中华人民共和国乡村振兴促进法》（2021年颁布）为法治基石，通过连续六年中央一号文件形成"产业振兴、人才振兴、文化振兴、生态振兴、组织振兴"五位一体的实施框架。其核心内涵包含三个维度：一是以城乡融合发展为路径，打破"城市虹吸效应"，推动人才、资本、技术等要素向乡村流动；二是以农业农村现代化为目标，构建现代农业产业体系、生产体系和经营体系；三是以共同富裕为价值导向，通过资源再分配缩小城乡差距。政策覆盖全国 128 万个行政村、200 万个自然村,旨在系统性解决"农村空心化、农业边缘化、农民老龄化"的结构性困境,重构城乡命运共同体。

乡村振兴政策的目标体系分为三阶段推进:到 2022 年消除绝对贫困并构建政策框架;到 2035 年基本实现农业农村现代化,城乡收入比降至 1.8:1;到 2050 年全面建成农业强国,形成城乡融合发展新格局。具体实施路径包括五大核心任务:一是产业升级工程,建设 4068 个"一村一品"示范村镇和 200 个国家现代农业产业园,推动农产品加工转化率突破 80%;二是人才培育计划,实施"百万高素质农民培育工程",确保每村 3 名大学生驻点;三是生态修复行动,投资 5000 亿元推进农村人居环境整治,2025 年实现生活污水处理率超 40%;四是文化传承工程,保护 6800 个传统村落,建设 15 万个村级文化服务中心;五是组织重构计划,实现村级党组织标准化建设全覆盖,培育 50 万家农民合作社。通过 4 万亿元基建投入实现"四好农村路"全域覆盖,10 万亩(1 亩 ≈ 666.67m²,下同)集体经营性建设用地入市激活土地价值,5.5 亿亩土地流转推动规模经营。这些措施共同指向"农业强、农村美、农民富"的终极目标,本质上是中国式现代化道路在乡村场域的战略实践。

(2)乡村振兴政策的主要内容和措施

乡村振兴战略聚焦农业现代化与产业体系重构,通过技术创新驱动传统农业转型升级。其首要任务是推进农业科技研发应用,重点突破智能农机装备、生物育种等关键技术,提升全要素生产率。在此基础上,构建新型农业经营体系,发展适度规模经营,引导土地规范流转与集约利用,培育家庭农场、专业合作社等新型主体,促进小农户与现代农业有机衔接。同步实施特色产业培育工程,依托地域资源优势打造"一村一品"产业集群,发展乡村旅游、农村电商等新兴业态,推动三产深度融合,形成产值超万亿的乡村产业矩阵。

该战略同步推进乡村治理体系现代化建设,着力完善基础设施网络与公共服务供给。重点实施"四好农村路"提质工程,构建数字化乡村治理平台,实现光纤网络与 5G 基站行政村全覆盖。在生态治理层面,推行耕地轮作休耕制度,建设生态沟渠、缓冲带等水土保持设施,确保化肥和农药使用量持续负增长。深化农地产权制度改革,健全"三权分置"制度框架,探索集体经营性建设用地入市机制。通过建立城乡统一的人力资源市场,实施新型职业农民培育计划,每年培训 500 万人次以上,促进农民职业化转型。同时完善村级议事协商制度,构建"三治融合"治理体系,全面提升乡村治理效能。

乡村振兴政策通过科技创新驱动产业升级,重点构建现代农业经营体系与全产业链生态。以生物育种、智能农机等技术突破提升农业生产率,推动土地规范流转形成适度规模经营,发展家庭农场、专业合作社等新型主体,同步打造乡村旅游、电商物流等特色产业集群,建设 200 个国家现代农业产业园和 4000 余个"一村一品"示范村镇。政策同步推进基建网络现代化,投入 4 万亿元实施"四好农村路"、数字乡村工程,实现 5G 基站与冷链物流县域全覆盖,行政村快递通达率达 100%,并建立生态补偿机制推进化肥和农药减量,建设 500 个农业绿色发展先行区。

在治理层面深化土地制度改革,推动 10 万亩集体经营性建设用地入市,完善"三权分置"制度保障农民权益。实施新型职业农民培育工程,年均培训 500 万人次,配套创业扶持政策，引导 20 万大学生返乡创业。构建"三治融合"治理体系，健全村级议事协商机制，通过数字化平台提升公共服务精准度，实现 90％行政村卫生室达标、15 万个文化服务中心覆盖。这些系统性举措聚焦破解城乡要素流动壁垒，通过产业增值收益留乡、优质资源下沉，推动形成工农互促、城乡互补的融合发展新格局。

（3）乡村振兴政策对城市更新的启示和借鉴价值

乡村振兴是对城镇建成区以外，在现代化进程中已经"落伍"的区域，采取优先发展，重塑工农城乡关系，让这些乡镇和村庄兴旺起来，实现农业农村现代化。加快农业人口向城镇转移，是乡村振兴的一条重要的路径选择，新型城镇化又是对原有城镇化实施城市更新的行动。

乡村振兴政策对城市更新也具有一定的启示和借鉴价值。一方面，乡村振兴政策注重整体规划和综合推进，将经济、社会、生态等多个方面纳入考虑。城市更新可以借鉴乡村振兴政策的综合性思维，将城市更新的各项工作统筹规划和整体推进，实现城市发展的综合目标。同时，乡村振兴政策注重优化农村空间布局和协调各项功能。城市更新可以借鉴乡村振兴政策的经验，通过合理规划和优化城市的空间布局，实现城市功能的协调发展，提升城市的竞争力和魅力。另一方面，乡村振兴政策鼓励农村产业的转型升级和创新发展。城市更新可以借鉴乡村振兴政策的思路，推动城市产业的升级和转型，培育新兴产业和创新创业环境，提升城市经济的竞争力。乡村振兴政策注重生态保护和环境改善。城市更新可以借鉴乡村振兴政策的理念，通过生态修复、环境整治等措施，改善城市环境质量，提升居民的生活品质。并且乡村振兴政策鼓励社会参与和群众的主体性。城市更新可以借鉴乡村振兴政策的经验，加强与居民、社区的互动和合作，促进城市更新工作的社会参与，实现共享发展的目标。乡村振兴政策注重农村文化的传承和创新。城市更新可以借鉴乡村振兴政策的思路，保护和传承城市的历史文化遗产，同时鼓励文化创新和创意产业的发展，丰富城市文化内涵。

1.1.4 城市更新与乡村振兴的关联与互补

（1）城市更新与乡村振兴的共同目标和核心要素

城乡空间优化工程虽在实施场域与对象上存在差异性，但其内在机理呈现显著的协同特征。首要共性体现在民生福祉提升维度，两者均通过空间再生产与人居环境重构，系统优化住房供给品质，完善公共设施网络，升级市政服务体系，最终实现居民幸福指数与生活质量的整体跃升。另外聚焦于经济发展动能转换，城乡再生实践均着力推动产业能级提升与要素配置效率改进。前者通过城市存量空间再开发培育创新经济载体，后者依托乡村特色资源活化构建三产融合体系，共同促进就业结构优化与区域经济韧性增强。

更深层次的战略耦合体现在可持续发展范式构建层面。在生态维度，城市更新实施棕地修复与海绵城市建设，乡村振兴推进山水、林田、湖草系统治理，共同指向生态韧性提升与碳汇能力增强；在资源利用方面，前者强调建成环境能效改造，后者注重农业废弃物循环利用，协同推动低碳技术应用与资源闭环管理；在社会治理层面，两者均通过社区营造与村民自治机制创新，构建多元主体参与的协同治理模式，最终导向城乡要素双向流动与融合发展的新格局。这种价值取向的趋同性，实质反映了新型城镇化战略下空间治理从单一维度的物质更新向人本主义导向的系统性重构转型。

其核心要素包括城市更新和乡村振兴都需要进行有效的规划及管理，包括土地利用、空间布局、产业结构调整等方面的规划，以及政府的协调管理和政策支持。需要注重基础设施建设，包括道路、供水、供电、通信等基础设施的建设和改善，为居民和企业提供良好的基础设施支持。同时都需要推动产业的发展，通过优化产业结构、引进新兴产业、培育乡村特色产业等手段，促进经济的增长和就业的增加。需要广泛的社会参与和合作，包括政府、居民、企业、社会组织等各方的参与和合作，形成共同推进发展的合力。还要注重文化的传承与创新，保护和传承历史文化遗产，同时鼓励文化创新和创意产业的发展，提升地域文化的影响力和吸引力。

（2）城市更新与乡村振兴政策的协同推进机制

城市更新与乡村振兴政策的协同推进机制是为了实现城乡一体化发展，促进城市和乡村协调发展的一种机制。为促进城市和乡村协调发展，一方面需要建立统一的城乡规划体系，将城市更新和乡村振兴纳入综合规划范畴，整合城乡资源，确保城市和乡村发展的协调性和一体性。政府部门在制定城市更新和乡村振兴政策时，应进行衔接与协同，形成政策的一致性和互动性，促进城乡政策的协同推动。加大对城市更新和乡村振兴的资金支持力度，建立资金整合机制，将资金用于符合城乡一体化发展的重点项目，实现资金的优化配置和项目的有机对接。建立城市更新和乡村振兴人才培养体系，加强相关领域的培训与研究，推动城市与乡村发展经验的交流与分享，提升政府和社会对城乡一体化发展的认知和能力。另一方面需要加强社会各界的参与和合作，形成多元参与和共治的机制，鼓励居民、企业、社会组织等各方面积极参与城市更新和乡村振兴的规划、决策与实施过程。建立城市更新和乡村振兴的信息共享及数据互通机制，促进城市和乡村之间的信息流动和资源共享，提高决策的科学性和精准性。

通过建立这样的协同推进机制，城市更新和乡村振兴政策可以相互补充、协调推进，实现城乡一体化发展的目标。同时，政府、社会和市民各方共同参与，形成合力，推动城市和乡村的综合发展，实现可持续、协调和共享的城乡发展。

（3）城市更新与乡村振兴政策的互补作用和相互促进关系

城市更新政策致力于提升城市功能和竞争力，通过优化空间布局和资源配置，改善城市环境和居住条件。乡村振兴政策注重整合农村资源，推动农村经济的发展和农村社会的进步。两者相互协调，实现城乡资源的优化配置，促进城乡间的互利共赢。

一方面两者同时促进经济转型和产业升级，城市更新政策鼓励城市产业的转型升级，引进新兴产业和高新技术，提升经济发展水平。乡村振兴政策推动农村产业的转型升级，培育乡村特色产业和农业新业态。两者相互借鉴，实现城乡经济的协同发展和互补优势，推动整体经济的提升。同时提升基础设施和公共服务水平，城市更新政策注重城市基础设施建设和公共服务提升，改善城市居民的生活品质。乡村振兴政策关注农村基础设施和公共服务水平的提升，为农民提供更好的生活条件和便利设施。两者相互支持，实现城乡基础设施和公共服务水平的均衡发展。另一方面，保护文化遗产和传承乡土文化，城市更新政策注重保护和传承城市的历史文化遗产，提升城市的文化魅力和吸引力。乡村振兴政策强调保护农村的文化遗产，传承乡土文化，挖掘乡村特色。两者相辅相成，共同促进城乡文化的传承和发展，增强城乡文化的魅力和认同感。同时加强社会参与和共建共享机制，城市更新政策倡导社会参与和共建共享，强调市民的主体地位和参与决策的权利。乡村振兴政策鼓励农民的积极参与和合作，推动乡村社区的共建共享。两者相互借鉴，实现城乡居民的参与共治，促进社会的和谐发展和民生的改善。

通过城市更新与乡村振兴政策的互补作用和相互促进关系，可以实现城乡经济的协调发展、资源的优化配置、基础设施的均衡提升、文化的传承与创新、社会的参与共治等目标，推动城乡一体化发展和全面振兴。

1.1.5 国内国外典型案例

1.1.5.1 国内典型案例

（1）太湖县城景观风貌规划

太湖县全面实施"文旅强县"发展战略，通过构建"文化＋生态＋产业"多维协同机制，推动禅宗文化传承、现代农业示范、数字信息赋能与全域旅游深度融合。基于"六区协同"发展理念，确立"禅源圣境·人文福地"的核心定位，重点推进花亭湖生态旅游区与五千年文博园联合创建国家 5A 级景区，形成具有地域特色的文旅产业矩阵。

在空间规划层面，采用"双廊引领-三核驱动-星链联动"的总体框架，系统划分五大特色功能区：历史城区文化传承展示带、晋湖生态宜居示范区、高新技术产业集聚区、特色产业创新孵化区及高铁新城门户枢纽区。规划方案充分考量现状基底与发展诉求，针对各片区资源禀赋实施差异化设计策略，通过"五区七轴＋生态双环"的绿地网络架构，构建生产、生活、生态"三生融合"的新型城乡空间格局（图 1-1、图 1-2）。

通过对自然环境要素的研究分析以及对自然生态环境的保护，构建自然生态网络，营造城市自然生态景观。在此基础上，从自然景观、文化传承、生态宜居以及城市双修等方面提出太湖县城景观风貌规划策略。这种方法具有良好的借鉴意义，能够有效提升城市的环境质量和人居体验。

（2）诸暨市景观风貌专项规划

诸暨市地处浙中丘陵过渡带，全域呈现典型的盆地地形特征，行政区域面积 2310 平方千米。其地貌结构表现为北高南低的地势梯度，形成狭长形平原地带，整体构成"山屏水廊"的自然基底。从地质构造来看，塑造出独特的自然地理单元。

该市域山水体系具有鲜明的结构特征：东部会稽山脉与西部龙门山脉构成双屏障地理格局，其间发育浦阳江干流及其八大支流水系网络。其中，浦阳江作为主干河道贯穿全境，支流系统呈放射状分布，形成"一脉八枝"的叶脉形水文结构。这种"双山夹峙、众水归流"的地理框架，不仅构成了区域生态本底，更为城乡空间发展提供了自然约束与景观基底。

县域层面形成"两山为屏、一核引领、一轴联动三区协同、百花齐放"的风貌总体格局。中心城区景观风貌重塑重点围绕景观体系健全、滨江环山等高景观价值区域有机更新、环境友好型园区建设和游览感知系统组织展开。通过"一廊缝山湖、一环串多区、两水汇六片、五带魅力游"四大策略重构中心城区景观风貌格局（图 1-3、图 1-4）。

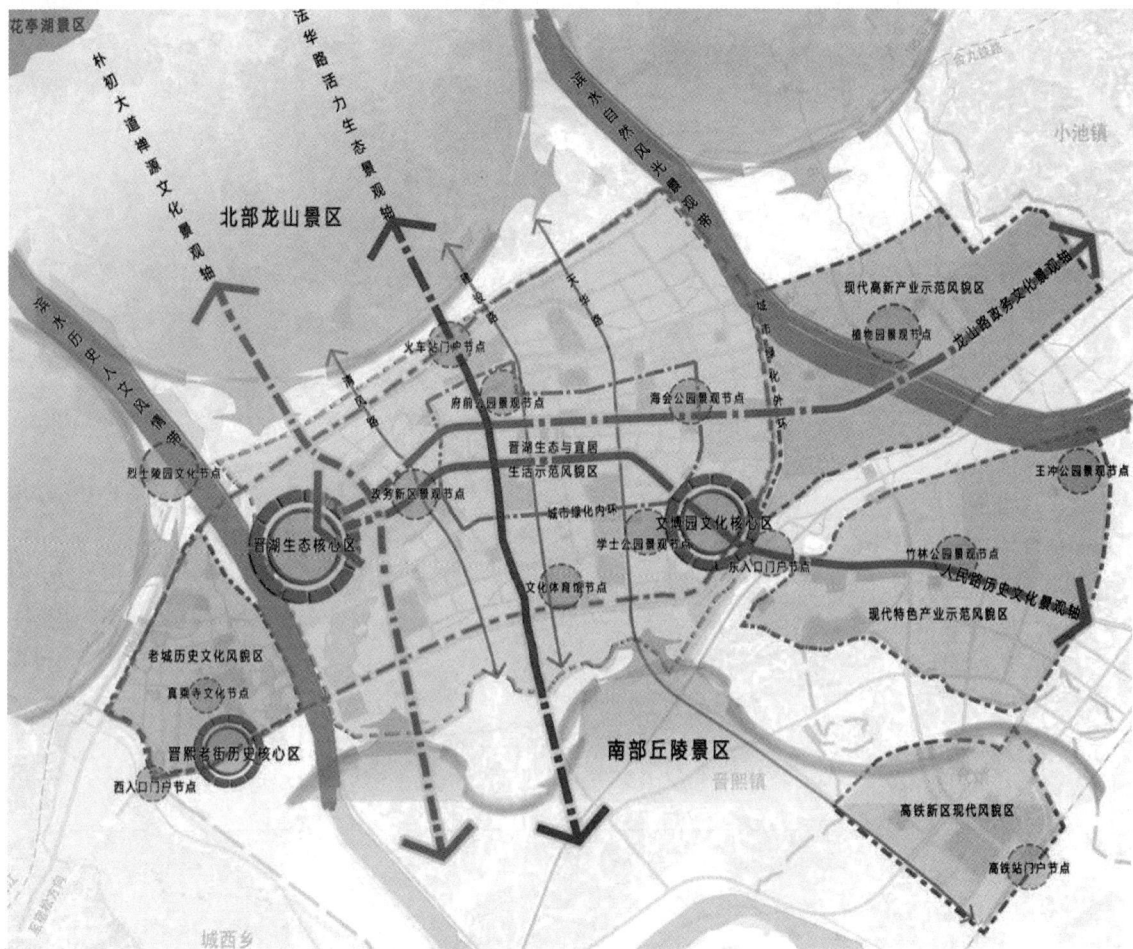

图 1-1　景观风貌分区规划控制

图 1-2　太湖县城景观风貌结构规划

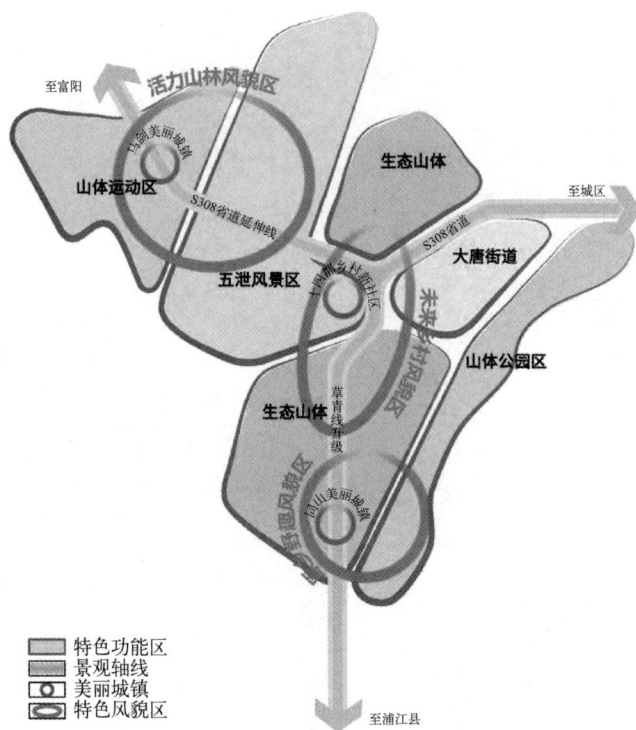

至富阳

活力山林风貌区

山体运动区

生态山体

至城区

S308省道延伸线

S308省道

大唐街道

五泄风景区

山体公园区

生态山体

草青线升级

至浦江县

特色功能区
景观轴线
美丽城镇
特色风貌区

图 1-3　县域样板区管控

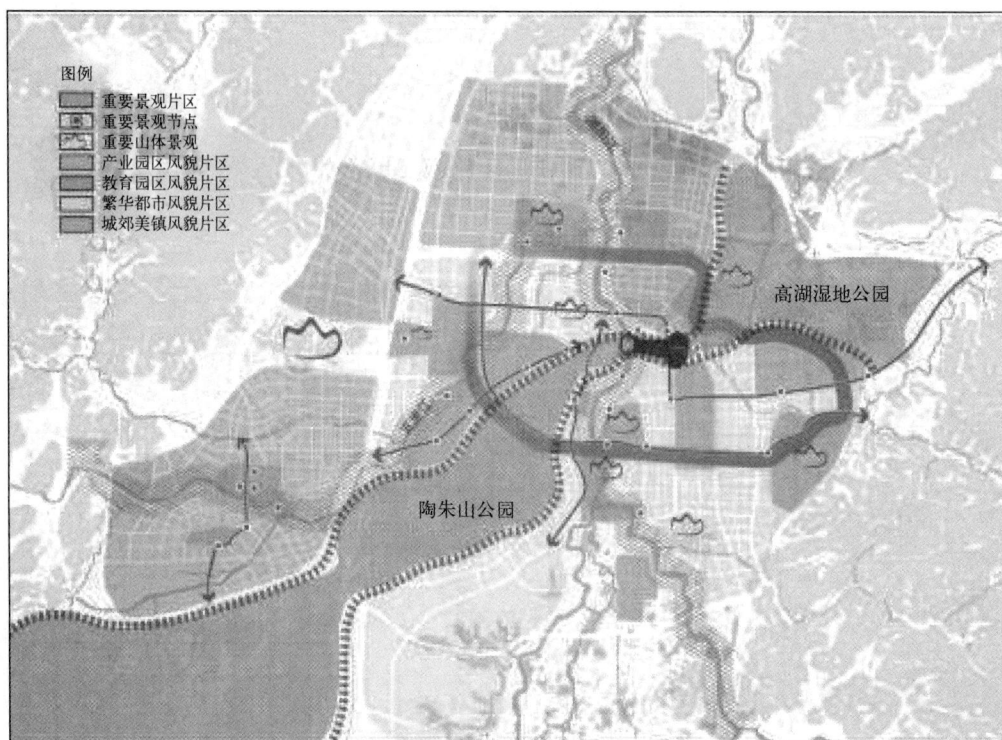

图例
重要景观片区
重要景观节点
重要山体景观
产业园区风貌片区
教育园区风貌片区
繁华都市风貌片区
城郊美镇风貌片区

高湖湿地公园

陶朱山公园

图 1-4　中心城区景观风貌格局优化

1.1.5.2 国外典型案例

（1）巴黎城市风貌规划

在空间形态调控层面，规划管控聚焦四大核心目标：维护城市空间结构的整体性，塑造协调的城市风貌，传承地域特色的院落组织范式，以及强化标志性空间要素的保护。通过三维空间管制手段，建立建筑轮廓控制线与天际线引导机制，确保开发强度与空间形态的适配性。建立历史街巷视觉通廊的保护体系，对具有文化价值的道路界面实施建筑退界与立面管控。采用数字化设计导则，通过色彩编码与线型标注技术，规范传统街道两侧建筑物的檐口高程与立面连续度。对于重点地段，引入"织补式更新"理念，在控制建筑投影面积的同时，保持传统空间肌理的完整性（图 1-5～图 1-7）。

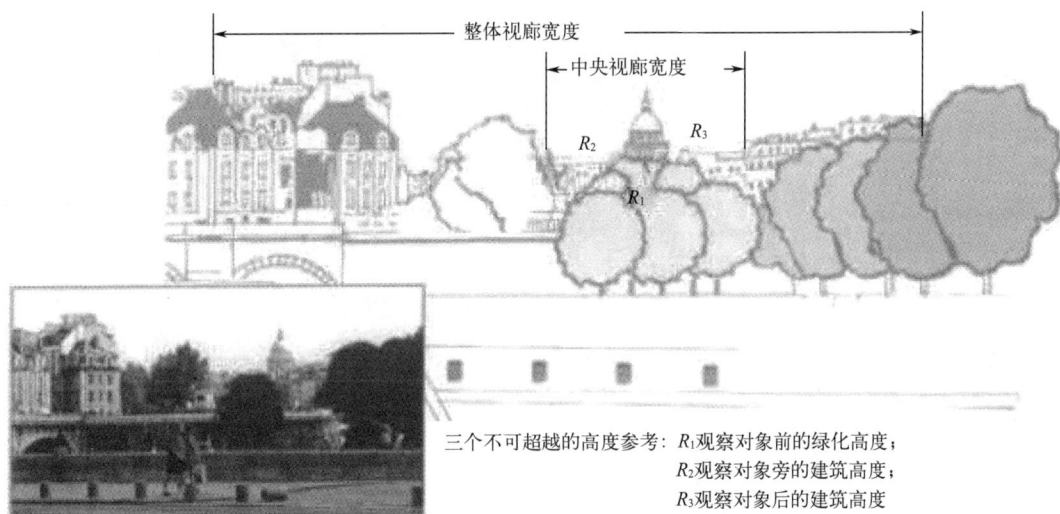

三个不可超越的高度参考：R_1 观察对象前的绿化高度；R_2 观察对象旁的建筑高度；R_3 观察对象后的建筑高度

图 1-5 巴黎城市景观视廊规定：以从卢浮宫街远眺先贤祠为例

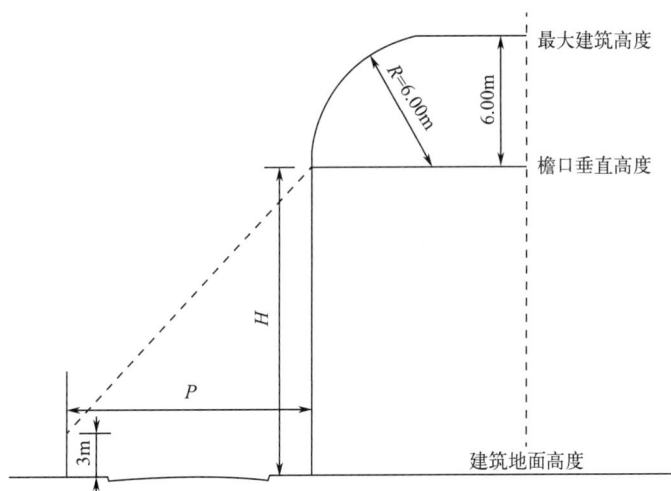

图 1-6 巴黎建筑体量轮廓规定

P—距离；H—高度；R—半径

————— 12m   ————— 15m   ————— 17.50m

图 1-7 巴黎建筑沿街立面规定

巴黎的风貌规划既尽量保留了既有的城市空间构成要素,又努力保持各要素之间既有的空间结构关系,与周边其他空间要素之间的布局、构图和比例关系。而且城市风貌传承不仅涉及物质空间的风格与形式,更与物质空间所承载的各项功能和居民生活密切相关,这也是后续其他规划需要注意和借鉴之处。

(2)日本城乡风貌规划

1950~1970 年,日本进入高速城镇化发展时期,城镇化水平由 37% 提高到 70%。在此期间,城乡风貌遭受严重破坏,混乱无序的建筑群、有碍观瞻的电线电杆、杂乱无章的户外广告、散布郊区不经设计的房屋、随意开垦填埋的海岸线……城市和乡村到处可见这些偏离美学原则的风貌环境。与此同时,日本将早期历史文化保护的理念和方法加以借鉴和应用,逐渐拉开了城乡风貌规划与治理的序幕(图 1-8)。

日本在城乡风貌保护与规划方面建立了系统化的管理体系,通过划定覆盖城乡空间并突破城市规划区及行政边界限制的风貌区域,将全域划分为重要城市风貌地区、一般城市风貌地区、准风貌地区(通常位于行政辖区外)以及重要乡村风貌地区等类型,并依据具体风貌特征进行精细化细分。在此框架下,规划编制工作聚焦于多维度管控:一是建立建(构)筑物色彩基调、高度轮廓、形态组合的标准化指引,强化区域空间形态的整体协调性;二是构建重要风貌街区、历史建(构)筑物及古树名木的认证评估体系,明确其历史文化价值认定标准与保护要求;三是规范户外广告、店招及附属设施的设置形式、材质与色彩,确保与周边风貌相协调;四是针对道路铺装、河道景观、公园设施等公共空间制定全生命周期的风貌维护导则,涵盖设计、施工及日常管理环节;五是对乡村地区提出涵盖农田肌理、传统村落、自然生态景观的综合引导策略,平衡现代化需求与传统风貌传承;

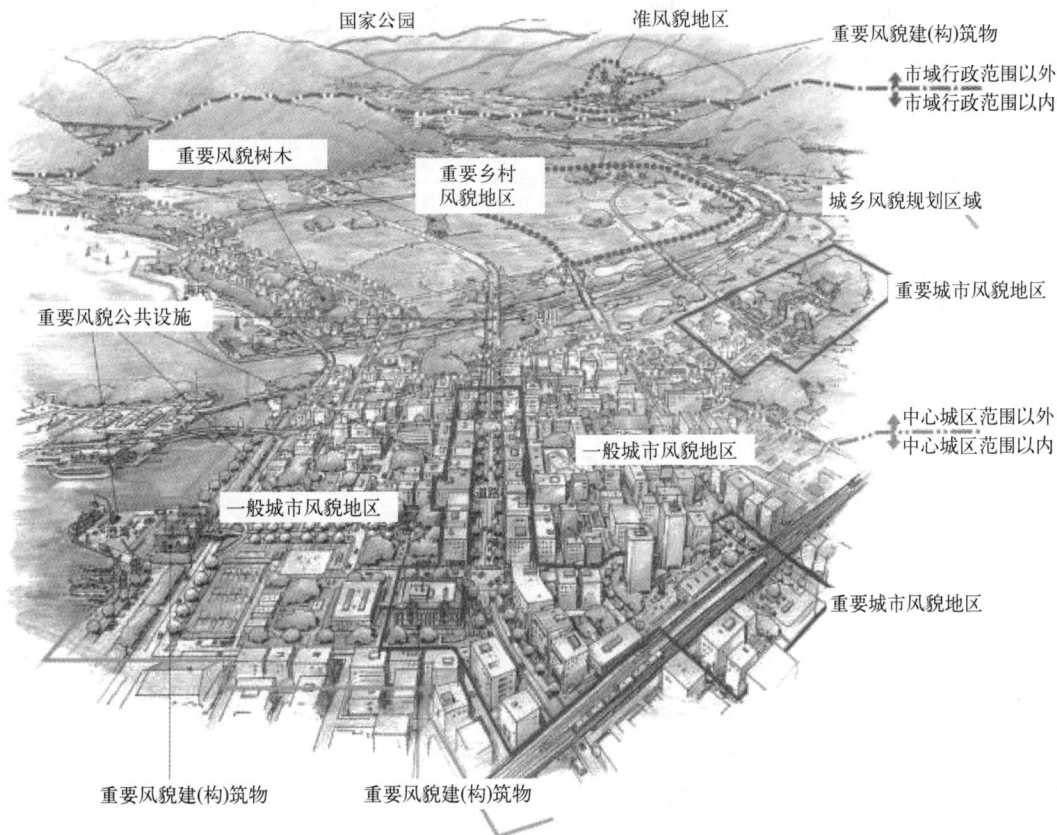

图 1-8　日本城乡风貌规划区域划分

六是通过梳理土地管理、建筑标准、文化遗产保护等领域的法律法规，建立跨部门协同机制与政策衔接路径，确保风貌规划的实施效力。该体系通过空间分区管控与要素精准引导相结合，实现了城乡风貌保护从宏观格局到微观要素的全覆盖。

当地对重要风貌街区、重要风貌建（构）筑物、重要风貌树木进行认证和保护，关注自然、历史、文化等方面的独特风貌价值，需进一步明确城乡风貌的构成要素。除此之外，日本还对广大人民群众开展关于城乡风貌规划和治理的知识普及与宣贯工作，培育公众在城乡风貌规划和治理方面的参与意愿，逐步树立城乡风貌作为国家和公民共有财产的基本理念。

1.2
城乡统筹、城乡一体化与城乡融合

1.2.1　概念与意义

（1）城乡统筹

党的"十六大"报告首次提出了城乡统筹的理念，明确指出通过"统筹城乡发展"来解决"三农"问题，并将其作为战略路径加以推进。党的"十八大"报告进一步明确，城乡发展的模式应从传统的二元结构转变为一体化发展，以推动城乡协调发展。到了党的"十九大"，报告聚焦于新时代我国城乡发展不平衡、农村发展滞后的现实问题，提出要深化城乡融合战略，明确目标为"建立健全城乡融合发展体制机制和政策体系，加快农业农村现代化"。在党的"二十大"召开之前，我国已经成功实现全面建成小康社会的历史性成就，这为城乡统筹的深入推进奠定了坚实的基础。党的"二十大"报告再次强调，必须全面推进乡村振兴，进一步加快城乡融合进程，以实现城乡共同繁荣（表1-1）。

表1-1　城乡统筹相关内容总结

提出时间	主要内容
党的十六大	运用"统筹城乡发展"来解决我国一直存在的"三农"问题
党的十八大	城乡发展由二元向一元转变，推动城乡一体化发展
党的十九大	建立健全城乡融合发展体制机制和政策体系，加快推进农业农村现代化
党的二十大	全面推进乡村振兴，以农业与乡村发展为优先，加快城乡之间的融合发展，加快城乡之间的要素流通

为了加快农业和农村现代化步伐，乡村振兴战略被确定为优先发展的核心方向，其主要任务是推动城乡要素的高效流动与深度融合。该战略全面推进乡村产业、人才、文化、生态和组织的振兴，涉及多个层面的改革与发展。具体而言，关键措施包括扶持和壮大特色农业产业，旨在提升农民的收入水平和经济发展质量。此外，战略还强调持续巩固脱贫攻坚的成果，增强脱贫地区的自我发展能力。在基础设施建设和公共服务方面，应统筹规划乡村空间布局，提升整体居住和发展环境，打造适宜居住与工作的现代化乡村。同时，必须重视乡村文化的多样性，避免同质化发展，保护和传承乡村独特的历史与文化特色。为进一步完善农村经济体系，需推进农村集体经济的创新发展，培育新型农业经营主体，并完善社会化服务体系，从而促进农业适度规模经营的持续发展。

城乡统筹的核心理念旨在促进城市与乡村的协调发展，最终实现城乡融合与协同共赢的局面。该理念强调充分发挥工业对农业的支持作用，通过建立反馈机制，强化城市对农村的辐射与带动效应，推动"以工促农、以城带乡"的长效发展模式，从而加速城乡一体化进程。城乡统筹的关键任务是打破长期存在的城乡二元结构，通过体制改革和政策调整，消除城乡间的各种发展障碍。在制定国民经济发展规划、优化收入分配体系、完善经济政策时，必须将"三农"问题作为重中之重，并进一步加强对农业的政策支持与保护，确保实现城乡的协调发展与共同繁荣。

在新的历史条件下，党中央对城乡发展关系进行了深入分析，并做出了科学的战略决策，提出统筹城乡发展的重要方针。这个战略不仅是完善社会主义市场经济体制、全面建设小康社会的核心举措，也是逐步改革城乡二元结构、从根本上解决"三农"问题的创新性方案。统筹城乡发展的基本思路包括：坚决贯彻科学发展观，秉持以人为本、统筹兼顾的原则，通过新的发展理念调整城乡关系，推动城乡资源的创新性整合。通过深化改革和扩大开放，采取有效手段解决"三农"问题，依托统一规划促进城乡协调发展，并通过相应的政策法规保障城乡健康发展。

在产业支持方面，应充分发挥产业基础的作用，确保城乡的稳定发展。统筹城乡发展的目标是实现农业产业化与社会进步的有机结合，在收入分配方面确保农民收入增长，并通过合理的资源配置增强城乡之间的互动，逐步缩小城乡差距、工农差距和地区差距，从而推动城乡经济社会的均衡、协调与可持续发展。整个过程中，城乡经济社会将从传统的"二元结构"转向现代化的"统一结构"，实现共同进步与互促共赢。在这个阶段，我国的统筹城乡发展方针是"工业反哺农业，城市支持农村"。

（2）城乡一体化

城乡一体化是中国进入现代化及城市化新阶段的关键标志，旨在将城乡、城市与农村之间的关系进行全面规划与整合。这个战略通过深度体制改革与政策调整，推进城乡在各个领域的融合，包括基础设施建设、产业结构优化、市场信息共享、生态环境保护和社会事业协调等。其目的是打破长期存在的城乡二元经济结构，促使城乡之间在资源配置、发展机会和社会福利等方面达到平等，从而实现城乡居民待遇的统一与公平。

城乡一体化的推进与生产力水平的发展密切相关，它促使城乡居民在生产方式、生活形态及居住环境等方面逐步趋同。在这个过程中，城乡之间的资本、技术、劳动力等生产要素将得到充分流动和整合，逐步实现跨区域、跨领域的资源共享与互补。通过这种方式，城乡在经济、文化、社会、生态等多个层面将呈现协调发展的局面。同时，城乡一体化要求对原有体制和观念进行深刻反思与改革，特别是在政策、发展模式、社会结构和利益分配等方面进行系统性变革，旨在消除传统的城乡分割体制，推动户籍制度的改革与人口流动的自由化（图 1-9）。

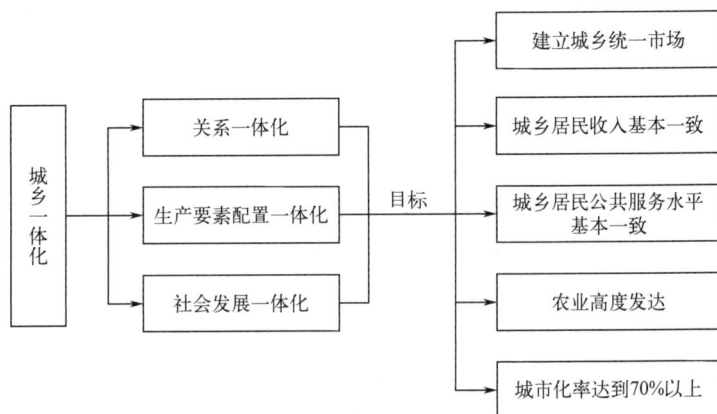

图 1-9　城乡一体化

总之，城乡一体化是中国城乡发展的根本方向，它承载着实现社会公平、促进资源优化配置和推动可持续发展的重要使命。这个过程不仅需要政策层面的创新与调整，更要求在实践中深化改革，促进城乡间资源的流动与共享，最终推动中国城乡经济社会的共同繁荣。

（3）城乡融合

城乡融合发展是社会生产力全面提升的结果，通过体制改革、技术革新、市场需求的扩展和文化创新等多方面因素的推动，逐步实现城乡之间的深度融合与协同发展。这个过程不仅是资源要素的有效流动和优化配置，更是在新的发展阶段实现城乡共同繁荣的必然要求。习近平总书记提出的"城乡融合发展"概念，标志着我们党对城乡协调发展的理论突破（表1-2）。深入领会这种思想，有助于加速农业和农村现代化，推动城乡融合走向更高质量的发展路径。

表 1-2　城乡融合发展相关内容总结

提出时间	主要内容
2017年10月，党的"十九大"	坚持农业农村优先发展，建立健全城乡融合发展体制机制和政策体系，推动城乡经济体系优化布局，同时以城乡融合推动乡村振兴，实现全面发展和协调增长
2017年12月，中央农村工作会议	走中国特色社会主义乡村振兴道路，重塑城乡关系，走城乡融合发展之路，实现产业兴旺、生态宜居、乡风文明、治理有效、生活富裕的目标
2018年9月，十九届中央政治局第八次集体学习	城乡融合发展是乡村振兴战略的实现路径，促进城乡协调发展的必然选择
2020年12月，中央农村工作会议	加强以工补农、以城带乡的工农城乡关系，实现城乡融合发展，促进全要素、多领域、高效益的共同繁荣
2022年10月，党的"二十大"	坚持高质量发展，深化供给侧结构性改革，推动城乡融合和区域协调发展，构建现代化经济体系，提升生产效率，加强产业链供应链韧性，促进共享发展和解决差距问题，实现城乡共同发展和人民共同富裕
2022年12月，中央农村工作会议	顺应城乡融合趋势，破除制度壁垒，促进发展要素和服务下乡，县域发展成为城乡融合的切入点，推动产业、基础设施等综合统筹，加强县域现代产业发展，提升农业多功能性，实现城乡产业深度融合
2023年1月，二十届中央政治局第二次集体学习	发挥乡村消费市场和要素市场的作用，推进乡村振兴和城镇化建设，促进城乡融合发展，增强城乡经济联系，实现国内大循环和全国统一大市场

城乡融合指的是城市与乡村在经济、社会、人口等多个方面的互联互通，旨在缩小城乡差距，推动共同发展。早期的空想社会主义者，如傅里叶和欧文，曾对资本主义社会中城乡对立现象进行批判，并构想了一种城乡融合的社会模式。

马克思在其理论中首次提出了城乡融合的概念，并进行了深入的分析。他对城乡差距和农村发展滞后的问题给予了高度关注。作为中国共产党的理论指导，马克思主义对这些问题的深刻洞察为中国城乡融合的发展奠定了理论基础。在此基础上，中国明确提出城乡融合的战略，并赋予乡村与城市平等的地位，标志着我国迈入了城乡融合发展的新时代。

借鉴国内外成功经验，中国逐步形成了符合国情的城乡融合理念。这种思想为理解城乡融合的迫切性、必要性及其面临的挑战提供了坚实的理论支撑。通过推进城乡融合，中国力图实现城乡协调发展，促进农村经济的振兴，改善农民的生活水平，推动社会公平，最终实现构建一个充满活力、具有可持续发展的现代化国家。

1.2.2 国外城乡关系发展研究

1.2.2.1 空想社会主义者的成像理论

在 19 世纪初期的机器大工业年代，人们把"城乡诗画般的格局"全部破坏了。城市发展迅速，社会财富积累越来越多，各种基础设施逐渐完善，但乡村处于原地踏步状态。城乡经济差距急剧扩大，城乡之间的矛盾日益严重。为了打破这种城乡之间存在的僵局，空想社会主义者圣西门、傅里叶、欧文提出了一系列设想。圣西门设想通过将农业进行资本化来解决城乡发展不平衡的问题。他认为法国大革命后建立的"新制度"是一种"新的奴役方式"。最突出的就是劳动者的付出与收获不成正比，劳动者的付出大多被富人所剥夺。圣西门提出将农业与大工业放在同等地位进行发展，以此解决城乡矛盾。这种想法的实质是"农业资本化"的一种发展，虽然他已经看到城乡之间的财富差距，但他是站在资本主义的角度提出解决办法，只能起调和作用，不能彻底解决。傅里叶设想通过工业与农业相结合来打破城乡二元分割。傅里叶的著作中全是对资本主义的讽刺与批判，从工业竞争到经济制度、从单一农业到全部产业、从科学到政治全都遭到傅里叶的批判。和谐社会中的法朗吉是傅里叶设想的城乡共同体，在这个理念里没有工业和农业，城市与乡村的差别，人们通过自己的爱好来选择从事农业还是工业。傅里叶提出的设想将乡村作为主要发展场所，与历史发展所违背，注定不会实现。欧文设想建立城乡结合的农业新村来解决城乡发展不平衡的问题。在欧文的农业新村概念中，人们会全方位发展，不仅能从事体力劳动，还能从事脑力劳动，体力劳动在合理安排下，是所有财富与国家繁荣的根本来源。三大空想社会主义者在解决城乡矛盾方面做出了重要贡献（表 1-3）。他们提出，城市与乡村应和谐共进，以消除在传统文明体系下城乡发展所带来的种种负面影响。这些空想社会主义者主张，消除城乡对立应成为推翻旧有分工体制的首要条件。正是在这些理论的启发下，恩格斯的早期思想得到了重要的理论滋养，为其后续的成像理论奠定了基础。

表 1-3 三大空想主义对城乡统筹的意义

作者	主要思想	意义
圣西门	将农业与工业放在同等地位进行发展，以此解决城乡矛盾	三大空想社会主义者为解决城乡问题进行了有益探索，为恩格斯早期城乡理论提供了重要的思想资源
傅里叶	通过工业与农业相结合来打破城乡二元分割	
欧文	建立城乡结合的农业新村来解决城乡发展不平衡的问题	

1.2.2.2 马克思主义者对统筹城乡发展的构想

恩格斯在对空想社会主义城乡理论的继承和发展过程中，经历了一个思想的演变过程。与空想社会主义不同，马克思和恩格斯通过对"历史"概念的重新定义，展现了他们独特的历史唯物主义观点。在《德意志意识形态》一书中，他们明确指出历史不仅仅是"思想活动相对立的历史活动"，它更是由生产关系和经济关系构成的"历史关系"。

在创立历史唯物主义理论时，马克思和恩格斯高度关注城乡关系，并将城乡对立作为其理论体系的一部分。他们详细分析了不同历史阶段和不同社会制度下城乡关系的表现形式。马克思的共产主义社会理论核心之一便是实现全面平等与普遍福利，特别是在城乡之间。他认为，消除城乡对立是实现这个目标的关键前提，且这个前提必须依赖多重物质条件，而非单纯依靠意志力。

恩格斯在早期便提出了城乡融合的构想，认为废除传统分工模式、进行职业教育和工种轮换，以及共享城乡融合带来的福利，是推动社会进步的重要途径。他强调，消除城乡对立最为关键的是改变市民与农民的身份区分，并消除人口分布的不平衡问题。他指出："乡村农业人口的分散和大城市工业人口的集中仅仅反映了工农业发展水平不足，这是阻碍进一步发展的瓶颈。"

关于城乡融合后的大城市发展，恩格斯与斯大林的看法有所不同。恩格斯认为，随着城乡差异的消除，未来的大城市将逐步消失，这个过程可能需要极长的时间。与此相反，斯大林则认为，城乡对立的消除并不会导致大城市的消亡，反而会为大城市注入新的活力。斯大林认为，城市将成为文化中心，并且是大工业、农业产品加工、轻工业和制造业高度发达的地方。

1.2.2.3 国外城乡统筹发展经验借鉴

（1）美国

美国是工业化较早的国家，在解决城乡二元分割问题方面是较为成功的。主要有以下几个方面。

① 颁布农业支持政策。在1930～1940年间，美国政府对农业领域的投资总额达88亿美元，这个政策惠及了当时约70%的农民。美国大力推动农业基础设施建设，政府负责大型农业设施的投资，而中小型设施则由农场主个人或联合投资，政府也提供补贴支持。美国长期实行保护性收购政策与目标价格支持相结合的方式，以稳定和增加农民收入。1933年出台的《农业调整法》旨在通过调整农产品价格以恢复购买力，进一步提高农民收入。此外，1996年通过的《联邦农业完善与改革法》赋予农民更多的自主决策权，允许其在农业种植选择上拥有更大的自由度。这个法案减轻了政府的财政压力，并促进了农产品的出口。上述两项政策的核心目标都是提高农民收入。

② 关注农民及其子女的教育。美国政府通过一系列法案，如《人力开发与培训法》《就业机会法》和《就业培训合作法》，推动全社会重视并支持对农民及其后代的职业技能培训。根据美国农业部的数据显示，1990年受过大学教育的农民比例（10.8%）较1970年（5.3%）翻了一番，同时高中未毕业的农民比例大幅下降。大多数农场主及其家庭成员都接受了较高层次的教育。通过"赠地法案"，政府为农业提供了大量资金支持，并且农业培训机构为农民提供免费的培训课程，同时发放相关补助。

③ 农地管制制度。美国是土地私有制的典型代表，在1791年美国就对征收进行宪法性立法。美国的土地主要分为几个部分，有的属于联邦政府或属于州县和市政府，但个人所有的土地占大多数，高达58%。美国在城乡统筹的过程中，城市发展所需要的农村用地大多是私人之间进行自愿交易的。美国对于私有土地的交易，只要在区划和法律的允许范围内政府都极少干涉。美国农地征收的宪法准则主要体现为公共使用、公平补偿、正当的法律程序。同时美国在城乡统筹中对土地用途进行管制加重了部分农场主的负担，后续采用了多种补偿机制确保农场主利益。

（2）日本

日本在历史上也存在长时间的城乡差距较大，在 1931 年农村居民收入只有城市居民收入的 1/3，农村滞留大量劳动力。但在日本政府之后的各种政策和措施下，城乡差距逐渐消失。主要为以下几阶段。

① 注重农村发展，提升居民生活水平。为了应对城乡收入差距过大的问题，日本政府先后推出了"1962 年全国综合开发计划"和"1969 年全国综合开发计划"，旨在缓解城乡经济发展的不平衡。为进一步缩小城市与乡村之间的收入差距，日本实施了《山村振兴法》，这个政策首次针对农村地区提出，并超越了传统的农业政策范畴。《山村振兴法》的核心目标是提高农村居民的生活水平和福利，从而缩小城乡差距。该法案涵盖了多个方面的规划，包括土地利用、产业振兴、基础设施建设、公共服务设施完善以及灾害防御等领域。

此外，为促进农村经济的多元化发展，日本政府还出台了《农村地区工业导入促进法》。该法案的主要内容是将部分城市工业迁移至农村地区，为农民创造新的就业机会，打破了农村居民仅限于从事农业生产的局面。与此同时，日本政府逐步增加了对农民的财政支持，以推动农村经济的多元化发展。

② 城市农村协同发展。日本在完成工业化之后，和很多国家一样面临着许多问题，如能源资源缺乏、产业转型、人口老龄化等。在后工业时代，日本出现了逆城市化现象，城镇化的脚步逐渐变得缓慢。中型城镇和小型城镇开始快速发展。但是工业向农村扩展的同时使得农村的环境也受到破坏，城市所遭受的污染在农村悄然蔓延。农村居民在收入提高的同时对物质和精神方面的要求也在提升，农村环境被破坏使农村居民迫切想改善环境问题，获得一个良好的居住环境。工业向农村转移使得农村居民在农业方面的投入越来越小，农业发展陷入停滞。在此背景下，日本政府分别推出了"1977 年第三次全国综合开发计划"和"1987 年第四次全国综合开发计划"，旨在应对农业发展停滞的挑战。这些计划为推动城乡协同发展奠定了基础，并且在此基础上，日本还开展了"造村运动"和"城乡广域交流"项目。通过这些综合性措施，日本成功实现了城乡协调发展，缩小了城乡差距（表 1-4）。

表 1-4　日本城乡统筹发展措施

问题	解决方案	政策与措施	目的
城乡居民收入差距过大	1962 年全国综合开发计划	《山村振兴法》	解决城乡收入差距过大问题，实现城乡协同发展
	1969 年全国综合开发计划	《农村地区工业导入促进法》	
农业发展陷入停滞	1977 年第三次全国综合开发计划	造村运动	
	1987 年第四次全国综合开发计划	城乡广域交流	

（3）法国

法国的城乡发展模式主要以繁华城市为中心，逐步向周边地区扩展。尽管法国的城乡统筹起步较早，且初期发展迅速，但在工业化和外部战争的推动下，城市化进程加快，城市人口迅速增加。到 1800 年，法国的城市化水平已达到 20%；到 1900 年，所有城镇都接通了电力，城市化水平上升至 40%。经过第一次世界大战后，农村大量人口迁移至城市，导致城市人口相较于农村人口急剧增长，最终使城市化水平稳步提高至约 80%。

然而，法国在城乡统筹过程中也遇到了一系列问题，类似中国的情况。例如，城乡发展不均衡、区域矛盾加剧以及农村人口老龄化等问题日益突出。为了应对这些挑战，法国政府出台了多项农村发展政策。1955 年，法国发布了《国土整治令》及《领土整治与发展指导法》，并在此基础上推出了一些配套法律。1980 年，法国实施了《农业发展指导法》，进一步推动农业和农村发展。1997 年，法国农业部推出了生态农业发展计划，支持传统农业向生态农业转型。1999 年，法国又颁布了《领土整治与可持续发展指导法》，强化了区域协调与可持续发展。除政策外，法国还着力利用农村的自然景观，提升其经济价值。法国乡村拥有广阔的土地，农民通过规模化生产和机械化耕作，形成了天然的生态景观。这些景观被开发成旅游目的地，既能提升农民的收入，还能为其提供就业机会。游客不仅可以欣赏到丘陵中生长的森林和农作物，还能参与农耕活动，体验乡村生活的乐趣。

在城市建设方面，法国注重科学规划和管理，城市的建设不仅追求建筑美学和造型独特，更注重与自然环境的和谐融合。法国的城市建设管理有五大特色：第一，优先进行规划指导，确保先规划后建设；第二，强调环境保护，所有建设项目都必须考虑环境影响；第三，合理保护和利用资源，在城市更新中注重历史建筑的保护；第四，遵循法律和政策，所有建设活动都必须符合法律要求；第五，法国在城市规划中有完善的法律政策体系，确保建设过程的规范与有序。

（4）挪威

面对日益加剧的城乡差距和农业农村衰退问题，挪威政府采取了一系列积极措施以推动城乡协调发展。通过实施中长期发展战略，加大对农业和农村的投资，并加强转移支付，力求缩小城乡差距，促进农村振兴。此外，政府还建立了公共产品和服务向农村倾斜的机制，确保农村居民基本需求的满足。在政策制定过程中，挪威政府广泛听取了农村居民的意见与建议，采用了科学与民主的协商机制，确保政策的有效性和落实的可行性。

① 制定中长期规划，推动城乡协调发展。随着农业人口的逐步流失和农村地区的日益衰退，挪威政府逐渐认识到，单纯的短期措施无法根本解决城乡发展失衡问题。因此，政府决定制定中长期发展规划，明确城乡协调发展需要一个长期而系统的战略。为了应对这个挑战，挪威政府推出了为期最短 4 年、最长 12 年的规划，旨在构建一个有序的农业支持与保护体系。全国被划分为 11 个区域，并建立了完善的指标体系，以监测和评估各区域的城乡差距。根据不同地区的特点，采取相应的措施，以实现区域间均衡发展，并确保这些政策能够有效实施。

这种中长期规划和制度安排帮助挪威政府更有针对性地推动城乡协调发展，促进乡村的全面进步。通过持续的政策推动，挪威政府力图解决农业人口流失和乡村衰退等问题，最终实现城乡之间的平衡与可持续发展。

② 增加农村投资与转移支付，促进城乡发展。自 1973 年起，挪威政府显著增加了对农业部门的投资，农业投资额大幅增长。1973 年，农业投资达到了 29 亿挪威克朗，而同期其他产业的投资额仅为 19 亿挪威克朗。此后，政府进一步加大农业投资力度，1977～

1985 年间，每年的农业投资金额维持在 79 亿～93 亿挪威克朗，而其他行业的投资仅为 22 亿～40 亿挪威克朗。农业部门的投资远超其他产业，尤其是在 1977 年，农业投资是其他产业的四倍。这些投资不仅包括农业本身，还涵盖了农村地区公共建设的重点支持。

③ 建立向农村倾斜的公共服务与产品机制。作为福利国家的典范，挪威在社会保障方面早在 1948 年便开始建设全民保障体系，并于 1967 年通过了《全民社会保障法》。这个体系的实施在缩小城乡差距、推动经济发展以及保障全体公民福利方面发挥了至关重要的作用。随着对农业和农村的投资逐步增加，挪威政府还积极推动公共产业与服务向农村地区倾斜，进一步促进城乡经济社会的协调发展。

挪威政府在全国范围内统一提供基础设施与公共服务，确保覆盖到 38.5 万平方千米的国土。通过这种机制，挪威的农村地区在 20 世纪 70～80 年代期间，公共服务部门的就业岗位逐步增多。统计数据显示，1970 年，挪威农村地区公共服务部门的就业占比为 28%，到 1980 年，这个比例上升至 30%。这种显著增长不仅对促进农业发展起到了重要作用，还为形成农村人口的稳定居住模式奠定了基础，推动了农村繁荣。

挪威在社会保障与农村发展方面的经验为其他国家提供了重要的借鉴。其全民保障体系与公共服务的倾斜政策为实现社会公平和推动经济可持续发展树立了范例。这个成功经验凸显了社会保障与农村发展相辅相成的内在联系，并为建设更加和谐与均衡的社会贡献了积极力量。

1.2.3 国内城乡关系发展研究

在中国学者对城乡问题的研究中，城乡关系的概念定义存在一定的模糊性。不同学者从多角度出发，提出了"城乡协调""城乡一体化""城乡融合""乡村城市化"以及"自下而上城市化"等多种相关概念。虽然这些概念在内涵上有所不同，但它们的共同目标是将城市与乡村纳入统一的社会经济发展体系，通过改善城乡分离和对立的现状，构建一种新型城乡关系，实现资源的优化配置，最终逐步消解城乡二元结构。

2003 年，中国首次提出了"城乡统筹"的概念，统筹的核心在于"全面规划，统筹考虑"。同年，城乡统筹被明确为"五个统筹"的首要任务。学术界对于城乡统筹的定义并不统一，不同学者基于各自的研究视角给出了不同的解释。

城乡统筹的最终目标是实现城乡一体化。李娟指出，城乡统筹发展的关键在于城市的辐射带动作用，应支持农村与工业的同步发展，并建立长效机制，推动城市与乡村的协调进步。凌耀初则认为，城乡统筹是一种现代化进程中的机制，其特点是城乡两个异质系统在双向演化的过程中实现发展，但这种发展存在不均衡性。根据城乡统筹的理论框架，政府应当将工业、城市、农业和农村的有机整合视为一个连续的历史过程，从而突破传统的城乡分割，实现资源共享与优化配置，最终实现城乡经济、社会、制度、市场、人口、空间及生态环境等方面的综合一体化。

中国学者对城乡统筹的背景、意义、内涵、发展条件、制度约束、主要问题、评价指标体系及区域特征等方面进行了广泛分析和总结。主要研究方向包括：城乡统一规划、重建城乡关系、协调城乡发展平衡、调整城乡利益、平衡城乡发展空间与机会、缩小城乡差距等，最终目标是使城乡经济和社会发展水平不断提高，并逐步趋于平衡。

城乡统筹的研究涉及多个学科领域，包括生态学、经济学、社会学和地理学等。学者们普遍认为，城乡之间的互动应从生态学角度予以考虑，涵盖自然资源、要素流动和资源感知等多个方面。城乡的生态关系是一个复杂的多维概念，当前学者们主要关注城乡交错带区域，即城乡直接互动的地带，重点研究土地资源管理、生态可持续性、农民土地流转机制以及城乡生态矛盾的根源等问题。

从经济学的视角来看，城乡统筹的研究重点主要集中在城乡经济关系上，尤其关注城乡差距的形成机制和劳动力的流动问题。桂家友指出，农民工的流动不仅推动了户籍制度的改革，也对城乡二元结构的根基产生了影响，促进了生产要素和管理方式在城乡之间的流动，从而有效缩小了城乡差距，推动城乡统筹的进程。

然而，当前对城乡人口流动过程的研究仍有一定局限，主要集中于农民工向城市的迁移，忽视了农村地区外出从事经商和求学的人员流失问题。这种现象实际上是导致农村高素质人才流失的关键因素之一。

目前，学者们开始更加注重城乡社会与文化关系的研究，并尝试从社会学角度解释城乡问题。余小平认为，农民的思想观念和现代化程度受到农村精神文明建设状况的深刻影响，这在城乡社会经济统筹发展中起着关键作用。因此，研究农村地区的精神文化，利用马克思主义方法加强思想、文化和社区教育等建设，将为推动农村现代化提供坚实基础。

学者们还在积极研究城乡之间的互动动力机制，并对自上而下和自下而上两种发展模式进行探讨。1983年，张庭伟提出了自下而上城市化的概念，并深入分析了其机制。张安录则在研究城乡互动过程中指出，城乡互动的动力机制可以分为自上而下的扩散机制、自下而上的集聚机制、外资注入驱动力以及自然生态动力机制等。此外，还有学者提出了不同于传统模式的分析框架。例如，杨荣南等将城乡互动的动力划分为内部动力和外部动力，其中内部动力指的是农村城市化和城市现代化的内生动力，而外部动力则包括国家改革开放政策和外资引进等外部因素。

为了加速城市化和工业化进程，国家出台了一系列促进城市发展的政策。然而，这些政策往往违背了城乡发展规律，导致了"二元结构"的问题。学者们普遍认为，制度性偏向，如城乡二元社会保障制度、户籍制度、收入分配制度、就业制度、教育制度、住房制度和公共产品供给制度等，是造成城乡不平等的根源。因此，城乡统筹研究的一个重要方向是对城乡二元制度进行分析，并探索通过制度创新来解决当前城乡统筹问题。吴翔阳认为，城乡二元结构的形成及中国城市化进程中的滞后现象，均受到户籍制度的制约。由于户籍制度的存在，城乡社会经济结构失衡，乡镇企业和农民工"候鸟式"流动问题愈加突出。

综上所述，城乡统筹研究需要深入探讨城乡互动的动力机制，分析城乡二元制度对城乡不平等的影响，并通过制度创新推动城乡统筹的顺利进行。

1.2.4 城乡统筹、城乡一体化与城乡融合的联系与区别

城乡统筹是指在城乡发展中，通过协调城市和农村之间的关系，以促进城乡均衡发展、协同发展和协调发展。城乡统筹强调整体规划和协同治理，确保城乡之间的经济、社会和人口要素的平衡与协调。它涉及各个层面，包括政策制定、规划布局、资源配置、产

业升级、社会保障等方面。

城乡一体化强调将城市和农村视为一个整体，实现城市和农村的有机整合及协同发展。它强调城市和农村之间的相互依存关系和互补性发展，促进城乡要素的流动、交流和互动。城乡一体化追求城市和农村的共同繁荣与共同发展。

城乡融合强调城市和农村之间的经济、社会和人口要素的相互交流与融合，实现城市和农村的有机衔接和共同发展。城乡融合追求消除城乡二元对立，促进城市和农村的相互融合与协同发展（图1-10）。

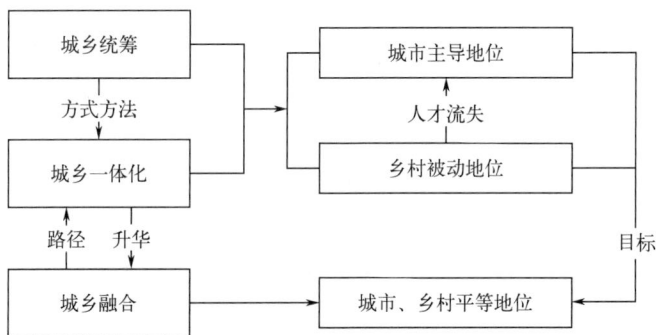

图 1-10 城乡关系

（1）联系

城乡统筹、城乡一体化和城乡融合三者在核心目标上具有高度一致性，均旨在实现城乡之间的均衡与协同发展。城乡统筹是实现城乡一体化与城乡融合的关键手段之一，通过规划与政策的引导，推动城乡要素的有序流动与相互促进，从而实现城乡的协调进步。城乡一体化则是推动城乡融合的重要途径，它通过促进城市与农村之间的资源流动与互补，进一步促进两者的有机衔接与共同发展。城乡融合最终是城乡统筹与城乡一体化的理想目标，旨在通过两者的融合消除城乡二元对立，实现城市和农村的有机一体化。

这三者都强调消除城乡差距、促进城乡协调与共生发展，通过合理配置资源、促进要素流动以及推动社会一体化，力求实现城市与农村在经济、社会、人口等多维度上的平衡发展。总体来说，城乡统筹、城乡一体化和城乡融合是相互联系、相辅相成的，它们共同致力于实现城乡之间的和谐与共同繁荣。

（2）区别

城乡统筹相对于城乡一体化和城乡融合来说，更加注重整体规划和协调管理的层面。它侧重于政策和制度层面的统筹，以确保城乡发展的整体平衡和协调。城乡统筹更注重城乡间的协调性和均衡性，着重解决城乡之间的差距和不平衡发展问题。

城乡一体化相对于城乡统筹来说，更加注重城市和农村的有机整合及共同发展的层面。它侧重于城市和农村的结构和功能的协调和互补，以实现城市和农村的共同发展目标。城乡一体化更注重城市和农村间要素的流动与交流，促进城市和农村的融合发展。

城乡融合相对于城乡统筹和城乡一体化来说，更加强调城市和农村的相互融合和共同发展的层面。它侧重于城市和农村间的经济、社会和人口要素的相互交流和融合，推动城市和农村的有机整合及共同繁荣。城乡融合更注重消除城乡间的差距和二元对立，实现城市和农村的有机衔接与协同发展。

在视角层次上，城乡统筹是一种政策制度层面的概念，注重宏观的城乡发展规划和政策的制定；城乡一体化强调的是城市和农村之间的具体操作及实践，注重区域层面的城乡融合；城乡融合则更侧重理念和目标的层面，注重城市和农村的一体化发展理念。

综上所述，城乡统筹、城乡一体化和城乡融合是关于城乡发展的概念，它们在目标和强调的层面上有所区别，但又存在一定的联系和相互依存关系。通过统筹协调、有机整合和融合发展，可以促进城乡间的均衡发展和协同发展。

第2章
城乡风貌问题分析与价值体系构建

城乡空间关系由二元对立转向一元融合是衡量社会文明进程与现代化国家建设成效的关键表征。我国目前处于破除传统城乡二元体制、实现城乡统筹发展的特定历史时期。在工业化初级阶段，受生产要素配置规律影响，工业生产要素向城市空间集聚形成规模经济效应，而农业部门则依托乡村地域实现传统耕作模式。这种差异化发展路径导致城乡系统在三个维度产生显著分野：其一，生产形态呈现现代化工业体系与传统农耕模式的代际差异；其二，社会结构层面形成契约型城市社会与血缘型乡村共同体的组织分异；其三，文化形态上表现为现代城市文明与乡土文化传统的价值分野。这种多维度的空间分异成为当代城乡融合发展需要突破的重要制度性障碍。与此同时，由于经济增长方式粗放和城乡差距问题严重，我国经济社会可持续发展遭受严重威胁，我国未来的发展路径急需实现战略转型，即推进以高质量发展为导向的新型城镇化进程。在此背景下，需要思考的是，城乡景观风貌在当今中国的社会经济发展中存在哪些问题？如何在城乡统筹发展中突出景观风貌的核心价值体系？

2.1
城市化进程中风貌特色的缺失

我国的城市化既存在城市发展与城市现代化的问题，又必须面对广大村镇的发展问题。在改革开放的四十多年里，城乡发生了翻天覆地的变化，我国城乡景观体系已呈现出"林业主题集聚化、产业单元模块化、休闲功能多元化、生态基底全域化"的优化发展态势，通过资源整合与空间重构，构建了主题复合、层级分明、要素集约与结构重组相结合的发展模式，并成功推进了系列景观品质提升与特色塑造工程。随着城市化的进程发展，景观功能逐渐完善并趋向多元化，城乡景观建设在取得巨大进步的同时，也浮现出不少问题，如景观的场所精神、风貌格局逐渐丢失，其负面影响不容忽视。

2.1.1　宏大建造未必符合高质量发展

在我国新型城镇化建设持续推进的背景下，城乡景观发展显现出趋同化倾向，部分地域风貌基因呈现弱化态势，景观资源效能尚存提升空间。这些城市建设中存在的诸多不足，不仅影响到我国现代化进程，而且不利于城市文化形象塑造。近些年来，越来越多的人开始关注城市形象和生活品质，从风格独特的中央电视台总部大楼（图 2-1）到光怪陆离的城市建筑（图 2-2），城市的本质可以说是"钢筋混凝土的丛林"。1966 年，哈普林的著作《高速公路》出版，他认为城市的头号景观杀手就是穿越市中心的高速公路，不但占用了大量土地，同时割裂城市里的不同区域，这种所谓的宏大建造等于割裂了城市生活的空间。近年来我国钢产量一直遥遥领先，虽然体现了我国经济的高速发展，但是这些以钢筋混凝土建造的高大城市建筑、四通八达的公路以及大量的停车设施等，显然对地域性的特色形成巨大威胁。

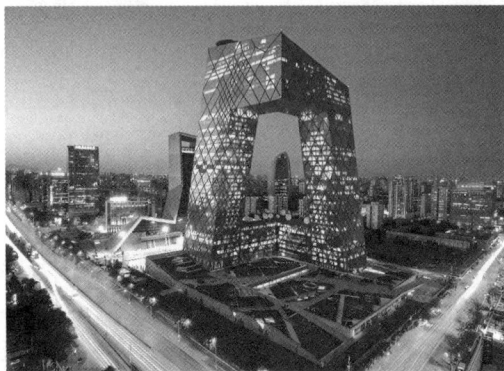

图 2-1　中央电视台总部大楼　　　　　　　　图 2-2　沈阳方圆大厦

建筑形态作为城市景观的核心组成部分，其演变与革新遵循着"自然适应性为本、社会适应性为驱、人文适应性为归"的复合发展机制。在快速城市化进程中，尽管建筑开发规模持续扩大，但普遍面临着特色缺失的困境。过多的标准化建筑样式和设计理念使得城市的面貌趋于单一，失去了独特性和地域特色。这种同质化建筑并未能够充分体现城市的历史、文化和社会背景，导致城市之间的相似性日益增加。有些大中型城市景观建设没有把建筑与自然相结合，建筑耗能高，缺少绿色环保性，同时没有将地方文化的内涵考虑进去，过于追求经济，忽视原有景观特色，形成一种不伦不类的景观状态，打破了原有的景观格局。

2.1.2　文化自信需要提升

在全球化背景下，由于缺少文化自信，当一些外来思想进入我国以后，常常受到人们的盲目推崇，从而造成当地优秀的传统文化被人们遗忘，有特色的城市文脉被外来元素取代。

例如在城乡建设上，很多地方追求"欧式风情"（图 2-3），对历史遗存保护不够；在很多地方，一些真正的历史遗迹被拆除，却又建造起仿古建筑景点。同时，一些文化名城过于商业化，追求经济效益，忽视了对历史文化特色的保护（图 2-4）。此类建设不仅经济成本高昂，更难以实现历史城区文脉与场地文化景观的有机衔接。其结果是新建城区丧失传统特色，景观同质化现象严重，缺乏辨识度，致使公众难以凭借景观特征区分新旧城区空间。

图 2-3　合肥欧洲风情街

图 2-4　国内某最"假"小镇

2.1.3　规划、实施、管理保障风貌特色

在城乡景观风貌规划领域，统筹城乡发展作为一种新兴规划范式，其在我国现行规划体系中的定位尚不清晰，相关法规对规划编制内容、深度等也未作出明确的说明或规定。主要应从规划、实施和管理三个方面入手，保障城乡景观风貌的特色。

（1）上位指导，层级衔接

《中华人民共和国城乡规划法》将城乡规划分为城镇体系规划、城市体系规划、镇规划、乡规划、村庄规划，明确规划体系、规划标准及内容、规划编制主体及程序等内容（图 2-5）。其中总体规划阶段和详细规划阶段对城乡发展都有相关内容的陈述。在城乡规划中应注重系统性和针对性的设计，在总体规划阶段应加强对城乡统筹发展的考虑，将城市与农村发展有机结合起来。城镇体系规划要明确城镇之间的布局关系和功能衔接，以建立起相互依赖、互利共享的城镇网络。同时，城市体系规划需要充分考虑城市空间扩展和融合发展，保证各城市之间资源的合理配置与协调发展。此外，在镇规划和乡村规划中，要注重发挥其独特的地域文化魅力，推动小城镇和乡村地区实现可持续发展。

（2）推进规划落地实施

城乡景观风貌统筹规划应建立健全规划体系，推进落实。

① 明确城乡规划职能，避免各个部门在规划工作中存在交叉和重叠的情况，加强规划目标的统一性和连贯性。这样可以使市和农村发展方向明确，建立整体的规划思路，有利于形成独特的城乡景观风貌。

② 了解不同利益主体之间的利益诉求，排除规划决策过程中各方面的影响和干扰。

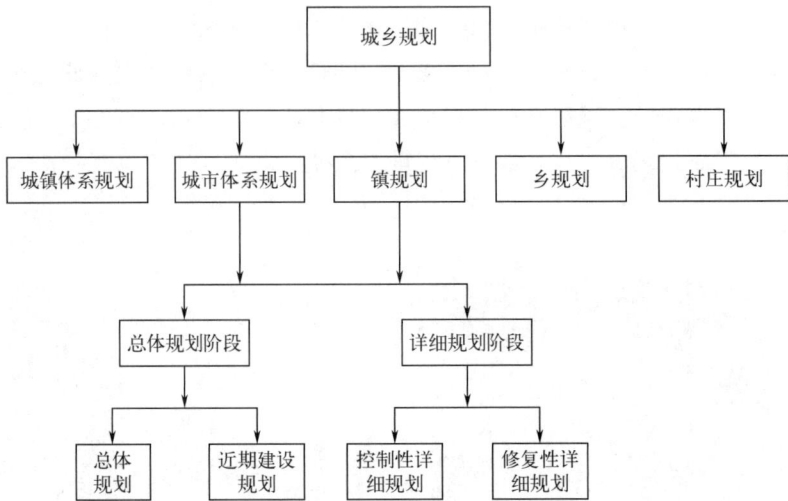

图 2-5　《中华人民共和国城乡规划法》中的我国城乡规划编制体系

划清责任边界，使规划实施得到保障，避免出现重复建设、乱占耕地、乱建乱拆等现象，促进特色城乡景观风貌的形成。

③ 增强城乡规划的科学性和规划建设的前瞻性。在充分的调研和科学的数据支撑下进行规划工作，使规划方案设计能够适应未来发展需求。缺乏前瞻性的规划思路和措施，容易导致城乡发展不平衡、形象不协调，无法形成具有地域特色的风貌。

我国现行国土空间规划体系采用"五级三类四体系"的基本架构（图 2-6）。

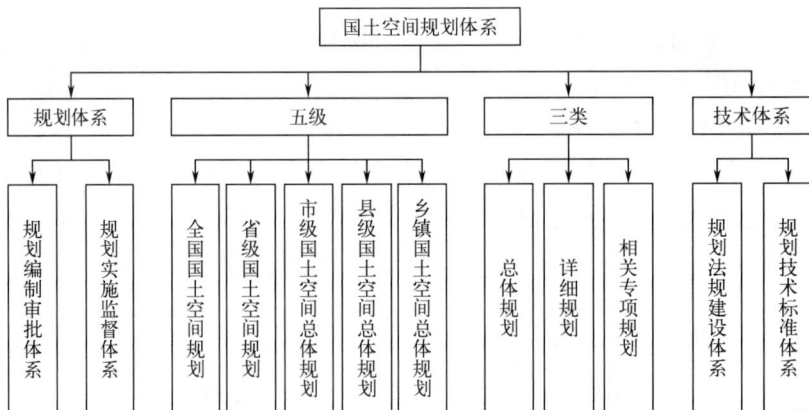

图 2-6　国土空间规划体系基本框架

城市功能空间可划分为传统风貌区、现代风貌区、历史文化保护区及产业集聚区等类型，然而在风貌规划设计中长期存在区域发展失衡的突出问题，无论是怎样的城市，都会存在或在某一个时间段内存在新老城市并存的情况。在同一个城市内，老城区的改造速度远远不足新城区的建设速度。城市内不同区域规划不统一，直接导致传统建筑分散，新旧建筑混合存在的问题，建立健全的国土规划体系可有效提炼城乡特色价值。

（3）加强后期维护制度

城乡景观风貌规划因缺乏系统性谋划与整体性协调，容易存在"开发先行、规划滞后"的被动局面，规划设计的引领作用未能充分发挥，各片区之间缺乏有机联系。以土地经营为导向的分散式控规编制方式，往往受制于房地产开发需求，难以有效履行对景观风貌的引导与管控职能。这种现象造成了城乡景观的混乱，缺乏整体性和连贯性。此外，由于后期维护制度不足，许多景观设施和绿化资源的保养和管理问题长期存在。为了解决这些问题，有必要加强城乡景观风貌规划的顶层设计和整体统筹能力。同时，制定健全的后期维护制度。这包括建立专门的景观风貌保护机构或部门，负责景观设施的定期检修、绿化资源的养护和更新等工作。同时，应加强对相关从业人员的培训和管理，提高他们的维护技能和意识，确保景观风貌得到长期有效地保护与维护。

2.2
乡村建设中乡土韵味的丢失

在快速城镇化背景下，受城市文化冲击等因素影响，我国乡村文化正面临严重衰退，地域特色与传统风貌的保护形势日趋严峻。全国范围内普遍存在"同质化村落"现象，文化多样性持续弱化，急需建立科学的乡村风貌引导机制。当前风貌规划实践中，存在将城镇管控体系（包括空间结构、指标要求及评价标准）简单移植至乡村地区的问题，大量新农村建设盲目套用城市社区模式，既丧失了乡土文化中"天人合一"的地域特质，又因空间组织单一、建筑质量低下而难以达到现代品质要求。因此，在城乡一体化发展背景下，乡村建设必须把握好乡土元素的保留和村民生产生活需求之间的协调关系，寻找一个平衡点。

2.2.1 乡村规划套用城市规划的惯性

长期以来，在城乡发展面临重大挑战的背景下，乡村景观对文化传承与民俗特色的可视化呈现与感知体验常被边缘化，导致地域风貌特征在城镇化推进过程中持续弱化。

当前社会认知普遍将城市影响力等同于现代化进步，而将乡村影响力简单归类为落后象征，这种二元对立思维助推了城市扩张模式对乡村空间的强势介入。当下新农村规划建设也越来越多，多数人们的心理认为木质结构的建筑代表缓慢落后的建设，而钢筋混凝土的城镇化建设则代表了高效率发展的现代化建设，因此多数村庄大量引进城镇化建设，钢筋混凝土侵入乡村。事实上，钢筋混凝土是乡村风貌的"第一杀手"，它造就了现代文明，却毁掉了传统文化。其对乡村景观风貌的影响主要体现在以下几个方面。

（1）住宅模仿城市小区，缺乏景观营造

在当代乡村规划实践中，大量现代设计理念被引入农村建设。然而，新农村建设过程中普遍存在过度注重建筑形式美感而忽视农户实际功能需求的倾向，这个问题在易地扶贫搬迁型村庄中表现得尤为突出。建筑风格统一呈现出兵营式的布局，基本上等同于低层城市小区住宅（图 2-7），大量行为是基于"高效"和"方便"的原则，使得缺少对乡村景观的创造和经营。这种现代化房屋以钢筋混凝土为主体的建设难以融入乡村景观之中，使得乡村缺少乡野气息。

图 2-7　新农村住宅建设

（2）城市绿植入侵乡野景观

目前乡村在建设过程中乡土植物逐渐变少，反而将大量的城市化绿植引入乡野之中，这将导致乡村的自然植物景观缺少乡野特色，植被面积过少且物种单一（图 2-8）。在景观营造方面，未能构建合理的空间序列，而且缺乏观赏性植被配置，难以达到"三季有花、四季常绿"的景观效果。大量引种单一速生树种仅能满足短期观赏需求，其观赏周期短、季节性强（图 2-9），导致景观同质化现象突出，乡村特色缺失。调研显示，村民虽具备庭院绿化意愿和美化意识，但更倾向于种植蔬菜或开辟菜园，在空间利用上难以兼顾景观美学与实用功能。

图 2-8　住宅植物景观

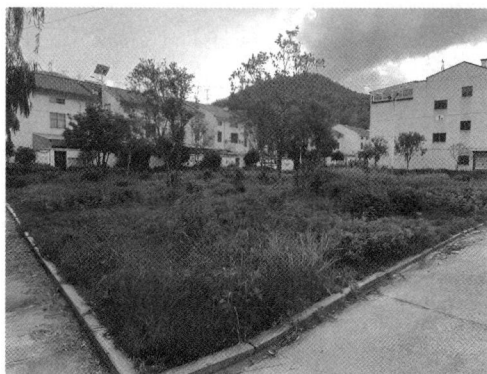

图 2-9　村落植物景观

（3）乡村生活方式的转变

乡村生活方式向城市倾斜的趋势有其积极的一面，可以改善农村居民的生活条件，使其享受到城市化带来的便利。然而，也需要注意保持乡村的独特性和传统文化。在引入城市元素的同时，应该尊重乡村的历史、风貌和社区文化，避免过度标准化和同质化。乡村居民通常参与更多的农村集体活动，如农耕、庙会、传统节日等，这些活动与他们的日常生活息息相关。由于城市化发展迅速，大量农村居民流入城市工作和生活，导致乡村人口减少，年轻一代缺乏对传统农耕文化的认同和传承，进一步加剧了乡村乡土气息的流失。同时城市的生活方式也严重地影响到农村的居民生活。当前新农村的建设大量引入城市中的一些元素。例如，城市中的健身器材通常具有统一的设计和规格，这些设备呈现出现代化、标准化的特点（图 2-10）。如果乡村地区直接引入大量城市健身器材，就可能导致乡村景观出现过度标准化的情况。原本独特的乡村风貌可能会被同质化的健身设施所影响，导致乡村失去了自己的特色。因此在引入城市元素的同时，可以选择与乡村环境相融合的设计，维护乡村特色风貌的完整性至关重要。虽然乡村生活方式呈现城市化倾向具有一定积极意义，可以改善农村居民的生活条件，使其享受到城市化带来的便利，但需要注意保持乡村的独特性和传统文化。在引入城市元素的同时，应该尊重乡村的历史、风貌和社区文化，避免过度标准化和同质化。乡村生活方式模仿城市，一定程度上可以改善农村居民的生活条件，但需要注意在引入城市元素时保留乡村的独特性和传统文化，促进乡村的可持续发展和社区凝聚力。

图 2-10　乡村建身器材的"另类"使用

2.2.2　村庄规划理论与景观现状脱节

在当下乡村建设实践中，普遍存在对本土资源禀赋与景观特质挖掘不足的问题。从宏观的村落空间布局到微观的建筑立面处理，建设活动往往脱离地域实际条件，机械照搬其他地区的营建模式，使村落丧失了原有的地域文化，丧失了村庄的精华与特征，从而导致了"千村一面""千村一品"的构建。

当前我国乡村规划理论体系普遍存在主体定位偏差，未能将乡村地域系统作为规划管控与实施的核心对象，忽视了对乡村生态系统演变规律和人文发展脉络的综合考量，导致规划理论与实际景观特征产生明显背离。为彰显地域特色，规划设计需与乡土文化有机融合，合理运用生活场景、生产场景和生态场景等乡村景观要素，并从乡村原有的景观中提取设计要素。因此，当前的村庄建设现状可以从生活、生态和生产"三生"空间来分析。

（1）生活空间建设现状

乡村聚落作为农民生产和生活的空间载体，既承载传统生活习俗的延续，又满足农户生存发展的功能性需求，在维系乡村社会稳定与持续发展中发挥着不可替代的作用。我国许多地区城乡差异较大，乡村发展仿照城市建设，但农村村民的需求与城市居民不同，许多乡村的规划建设并没有遵循村民的意愿（图 2-11）。例如，一些乡村公共服务设施相对欠缺，医疗、教育、文体等基础服务设施在一些乡村地区仍然非常有限，难以满足村民的生活和发展需求。在现代化发展的浪潮下，一些乡村的特色和传统逐渐消失，给乡村文化带来了一定的冲击。乡村的文化生活要素有建筑、交通、公共空间、公共服务设施、构筑物、景点、传统文化民俗等，目前的乡村规划很少将这些要素统筹考虑，因此就出现了村庄生活空间离散的状态，乡村景观缺少特色，景观风貌难以形成。

图 2-11　邻里交流活动空间

（2）生态空间建设现状

乡村生态系统是农户生存发展的物质基础，更是实现乡村振兴战略的重要支撑。若在规划建设中未能准确把握景观的内在特质，将导致自然环境的不可修复性损害。从整体尺度来看，我国大多数乡村自然碎片化程度高，缺少合理整合和规划；从复合尺度来看，山地风貌特色缺失，自然景观挖掘能力不足；从单一尺度来看，内部绿地利用率低，景观界面较差。

乡村自然景观要素构成生态系统稳定的关键支撑，当代美丽乡村建设应当立足生态共同体理念，深入解析地域环境特质。其中，气候条件、大气环境、地形特征、土壤属性、水文系统、植被群落、动物种群、自然资源及灾害风险等要素共同构成了乡村自然生态体系，所以在规划设计前要认知景观要素表征量（表 2-1），以此来最大限度地保护乡村的生态空间，塑造乡村特有的景观风貌。

表 2-1　乡村景观自然生态要素表征量

景观要素分类		景观要素表征量
自然生态要素	气候	气候带分布、降水量、光照强度、辐射总量
	空气	温度、湿度、干度、风速、气压、空气质量

续表

景观要素分类		景观要素表征量
自然生态要素	地形地貌	地貌类型、高程、坡度、坡向、坡长
	土壤	土壤类型、土壤湿度、土壤质地、土壤侵蚀力、土壤有机量
	水系	河流长度、宽度、蜿蜒度，湖泊湿地面积、水量、水质，洪水位、河网密度、水面率
	植物	植被类型、植被面积、植被色彩、植被覆盖度
	动物	动物种类、动物栖息地位置与范围、标志物种习性
	资源	动物种类、动物栖息地位置与范围、标志物种习性
	灾害	灾害类型、发生频次、位置、成灾受灾区范围

（3）生产空间建设现状

乡村聚落兼具生活空间与生产空间双重属性，在规划建设中应当重视传统生产方式的延续性，统筹考虑功能复合性与发展适应性，兼顾当前需求与长远发展。其中乡村生产空间的主要要素有耕地、园地、乡村工业、水利设施、人工养殖、资源利用和产业经济等。一些地区存在土地乱占、随意划分和使用的情况，导致农田被非农业活动占用，农民面临土地资源缺失的问题。

在城镇化与工业化快速发展的背景下，大量农业用地被转为建设用地，导致农业用地不断减少，农民种植和养殖的空间受到限制。乡村生产设施相对滞后，农村缺乏现代化的农业设备和技术支持，影响了农产品的质量和生产效率。部分乡村地区过度依赖传统的农业生产方式，缺乏适应市场需求和技术创新的能力，制约了乡村经济体系的完善与发展。当前农村基础设施供给不足，在道路网络、给排水系统、电力供应等关键领域存在明显短板，限制了农产品流通和农民生产的便利性，部分地区存在农药、化肥过度使用及养殖污染等环境问题，对乡村的生产空间和农产品质量造成不利影响，这些问题都会影响乡村景观风貌的形成。要维护和发展村庄的生产空间，需要在综合考虑农业生产传统和现代发展需求的基础上，积极探索整合发展的路径。目前乡村规划的生产空间也相对混乱，主要面临的问题是如何将生产空间要素整合发展。生产空间要长远发展需满足其功能性需求，并将生活、生态、生产空间结合，打造其特有的乡村景观风貌（图 2-12）。

图 2-12　优美农田景观现状

2.2.3 宅基地制度改革下旧房的消逝

土地制度改革作为破解农村土地难题的核心路径，是推进城镇化发展的关键纽带，更是现阶段我国城乡协同发展的重要突破口。但与此同时，伴随宅基地制度改革的开展，一些老的民居、建筑、乡村文化遗产因为大小、结构、不符合新的政策要求等而被迫拆除或者改造。这些老房屋是中华民族文化的重要组成部分，保护好老房屋是人们应该关注的问题。农村集体建设用地使用权是集体经济组织成员依据其身份资格，在所属行政村地域范围内，由村集体经济组织或集体经济组织成员的家庭，通过集体决策或者受集体经济组织委托取得的，供其修建住宅和从事与家庭生产、生活紧密相关的经营性、服务性、辅助性用房。随着《中华人民共和国土地管理法》与《中华人民共和国城乡规划法》的实施，农村住宅改建行为已纳入规范化管理范畴。依据现行法规，村民须在依法取得宅基地使用权证书及乡村建设规划许可证的前提下，方可对既有住房实施改建或重建工程。因此要提倡依法依规的老房屋改造和重建，以及政策调动，主动推动城市化进程与传统文化的融合，保护老房屋，提高城乡景观风貌品质。其中，老房屋的消逝问题主要表现在以下两个方面。

（1）新建筑与旧房屋风格不统一

在宅基地制度改革进程中，规划积极推动闲置宅基地及住宅资源的优化配置。针对无人居住的危旧房屋，相关部门将依法收回其占用的宅基地并进行整治，从而有效提升土地资源利用效率。将老旧房屋拆建，对宅基地的使用规模和农房的建设标准进行统一规划。这导致目前老房屋部分消失，新建的安置房与旧房屋风格不统一，建筑景观无法融合以至于乡村景观风貌缺失。在农村土地制度改革进程中，土地确权与流转机制的建立始终遵循系统性制度安排，既要注重保障农民土地权益，又要审慎考量土地资源配置效率的优化提升，所以不能轻易买卖。在城乡协同发展背景下，部分传统建筑受历史风貌延续性政策指导正进行适应性调整，需要依托多学科协同技术路径优化保护策略。多维度政策协同优化与动态调试机制构建，将制度创新作为系统性工程加以推进，着力破解改革关键环节中的制度衔接难题，从而在保障农民居住权益与优化土地资源配置之间实现制度创新与稳定的有机统一。

（2）自建住宅美化意识薄弱

在乡村自主营造实践中，传统建筑语汇的在地性转译尚存深化空间，建造主体对地域建造范式的认知衔接机制有待完善，导致工业化建筑立面处理与空间组织方式同传统乡村风貌特征存在显著差异。村民自建住宅规划与实际落地情况不符，一些农村早期建设的房屋没有经过规划，裸露的砖墙和水泥框架的建筑物前后没有经过任何艺术装饰。

2.3
城乡景观风貌的核心价值体系

在新时代生态文明理念的指引下，美丽中国愿景与"两山"理论实践不断深化，城乡尺度的景观风貌保护和特色彰显受到越来越多的关注。构建科学合理的乡村景观价值评价体系是展开乡村景观相关规划的必要前提。其以乡村发展为主题、乡村景观为客体，核心在于协调多村发展需求与景观资源的辩证关系。主要涵盖乡村的社会发展、经济利益、生态环境、乡村文化四大维度，通过建立多目标协同机制，系统评估乡村景观在空间形态与功能组织层面的综合价值。

我国具有悠久的农耕传统，乡村文化根基深植于数千年农事生产实践与自然规律相互作用形成的价值体系之中。由于山水环境，村民聚居于此，形成了不同的文明，也形成了不同于城市的文明。城市由乡村演变而来，但城市和乡村在规划与管控等方面存在很多不同。乡村规划建设的核心在于"乡村"，这就需要保留并发扬乡村的特性，打造比传统村庄更具野趣的田园风格，彰显乡村特色，将绿水青山转化为金山银山。而城市的发展进程就是城市逐渐远离野性自然的过程，应发现荒野之美，追寻朴拙之趣，找到适合城乡统筹发展的共通之处，注重识别城乡景观风貌特征，深度挖掘特色景观风貌空间，通过控规和相关政策对开发建设进行引导，制订合理的规划，促进城乡景观风貌的融合，进而促进乡村振兴。

2.3.1　显山露水与特色彰显

"绿水青山就是金山银山"的"两山"理论是习近平总书记 2005 年 8 月在浙江任职期间考察湖州安吉余村时提出的一项科学论断。绿水青山就是金山银山，保护环境就是保护生产力，改善环境就是发展生产力。新时代要推进生态文明建设，就必须坚持六大原则，其中就包含"绿水青山就是金山银山"这个原则。

建设美丽乡村从狭义上来说就是要建设一个自然环境优美、山水环境优越的区域。美丽乡村建设要与政治、经济、文化等多个方面有机结合。特色风貌是对地域形象的高度概括，发挥乡村绿水青山的优势，依靠"山水林田湖草"及一系列生态保护的措施来推动乡村经济发展。同时，"山水林田湖草"这些自然景观也是具有鲜明城市特色的，城市的景观风貌也需要人与自然的和谐统一。从人与自然和谐统一这个角度出发，将自然生态与中国古代自然山水观结合，从而打造一个显山露水、具有中国独特意境的人居环境。

吴良镛先生提出的山水城市理论，构建了融合自然生态与人文美学的城市发展范式。该理论体系涵盖生态学、气候学、美学及环境科学等多维价值维度，还有中国传统山水文化、山水美学的意义。在中国传统艺术创作中，山水画作通过"可居、可游、可业"的空间叙事，系统呈现了理想人居环境。以《清明上河图》为例，其通过典型性场景的提炼与艺术重构，生动再现了北宋汴京东南城区的市井生活图景（图 2-13）。在文学创作领域，山水诗词则以意象化手法勾勒出质朴自然的人居理想。《桃花源记》中建构的乌托邦式聚落，通过"平旷土地、规整屋舍、丰饶农桑"等要素组合，展现了朴拙之趣的生活画卷（图 2-14）；而《天净沙·秋思》将"古道西风、小桥流水"等自然要素与人文景观有机融合，形成独特的诗意栖居图景。这些山水诗、山水画都是人们对真实生活的反映，或是这些文人的心之所向，包含了人们对美好生活环境的向往之情。无论是山水诗还是山水画，其核心都是尊重自然、以人为本，强调了人与自然两者的和谐统一关系，这对当代城乡建设有一定的借鉴意义。由此可见，"尊重自然""以人为本""天人合一"的思想也是建设生态宜居城市和乡村的指导思想。牢牢把握这种思想，发掘地方特点，彰显中国山水意境特色，有利于打破当前千城一面、建筑千篇一律的问题。

图 2-13 《清明上河图》

图 2-14 桃花源图

2.3.2 荒野之美与朴拙之趣

在罗尔斯顿构建的生态哲学体系中，"荒野"一词具有重要地位。他认为"作为生态系统的自然并非不好意义上的'荒野'……它是一个呈现着美丽、完整与稳定的生命共同体"。重新发现和认识荒野之美是人类寻求与自然和解的最初也是最为重要的过程。日常生活中经常看到的是人为刻意营造的美感，但换个角度思考，不留人工雕琢痕迹的，何尝不是另一种美呢？这些朴拙之物，看起来好似没有技术含量，但从自然层面来看，它超过了人工之美，恰恰反映了事物的本质特征，展现了事物的原本面貌，是自然所赋予的天然美。

（1）荒野之美

从城市与自然互相关系的演变来看，城市发展的进程就是城市逐渐远离野性自然的过程。由于城市化的快速发展，大量建筑物和硬质铺装占据城市空间主导地位，城市绿色空间格局发生了巨大改变，绿地结构单一，处处体现了过度的人工痕迹，荒野之美得不到体现，且大大影响了生物多样性。

城市的荒野景观具有多重价值，包括低投入、高收益的经济价值；让人亲近自然、放松身心的健康价值；增加生物多样性、调节小气候环境、涵养水源、保持水土的生态价值。因此，荒野景观不仅具有生态价值，还具有人文价值，这也说明了荒野对城市的必要性。荒野景观对城市景观将会做出巨大贡献，城市再野化也是促进人与自然紧密相连的一个渠道。

荒野思想就是一种谦卑的、敬畏生命的态度，注重自然本身以及人与自然的和谐相处，这也是荒野精神价值的内涵，它与中国传统园林中回归自然、返璞归真、自由归隐的思想不谋而合。中国传统文化中蕴含的朴素生态设计观念，源于儒释道哲学体系的深层融合。在中国书画中儒释道三家统一，通过水墨丹青与诗文吟咏，描绘了生态自然的恬淡境界、自由归隐思想。该思想自魏晋至隋唐，后于宋元达到高峰。人们都想借助清心寡欲、自然安逸的荒野来逃避现世的虚伪与浮躁。比如魏晋南北朝这个大动乱时期，为反抗礼教的束缚，一部分人就选择寄情山水、崇尚隐逸，通过主动远离虚伪表征的名教礼法，确立其"山水即道"的哲学思想。由此催生出的山水艺术创作浪潮，实质上构成了古代文人对抗现世的精神实践，无一不反映了人们内心对自然的渴望与向往以及对荒野自然的强烈需求（图 2-15、图 2-16）。

图 2-15　关仝《山溪待渡图》（北宋）

图 2-16　夏圭《溪山清远图》（南宋）

　　如今，随着城市化的高速发展，城市的经济得到了一定程度上的提升，在城市中也极少能见到荒蛮野地。一方面是由于追求经济发展而忽视自然生态，另一方面是人们难以接纳城市中出现这种不经雕琢的野性环境，认为这些环境与光鲜亮丽、舒适便捷的城市空间不协调，破坏了城市环境。很多城市景观是为了美而美，刻意地雕琢反而导致一些景观失去了它本身的韵味。其实一些有本土野生气息的生态花园，也同样可以让人眼前一亮，美丽清新的自然环境也可以是城市的新底色。将自然归还于城市，让自然与城市融合，将野性的灵魂注入城市，这才是未来发展所需要重点考虑的。

　　而对于乡村来说，乡村本就比城市荒野具有更多的可能性。在乡村振兴战略指引下，美丽乡村不能因经济发展而破坏生态。在荒野思想的影响下，乡村应充分尊重原有地形地貌，在自然地形地貌的基础上考虑景观元素，利用乡村原有的材料，如瓦片、石头等元素进行适当设计，杜绝过度开发和一味地模仿城市建设。只追求城市化的发展而忽略乡村自身独特的魅力，就会违背乡村本身的发展。要注意适度开发，合理规划，在保护乡村生态环境的前提下，结合乡村特色改善景观风貌。比如乡村的景观绿化方面就需要在自然地形地貌的基础上，结合乡村特有的自然风光来进行设计，不能盲目跟风城市的绿化营造，应通过运用乡土植物来打造具有乡村特色的景观风貌。比如在树木种植方面可以选择一些适合当地环境的经济作物，如柿树、板栗树、葡萄、玉米等，既可作为观赏植物，又可作为经济作物发展当地经济。在垂直绿化方面，也可以选择葡萄等攀缘植物，进行视觉方面的美化，同时也改善了局部小气候，形成了独特的田园风光，给乡村景观空间增添了一抹不一样的色彩（图 2-17、图 2-18）。

图 2-17　小茶园使用竹木材料围合　　　　　　图 2-18　墙面垂直绿化

（2）朴拙之趣

"朴"字本意是没有细加工的木料，比喻不加修饰、不矫揉造作，强调了事物的本真和自然状态，追求简单和纯粹，摒弃烦琐和虚饰，它展现的是一种事物本身的质感和样貌，这也是一种追求简单自然、坦诚率真的生活态度。"拙"这个字，意思是愚笨、不灵活，容易与"笨拙"联系在一起，是一个带有感情色彩的贬义词。但在中国古人眼中，这并不是一个贬义词，而是一种很高的审美境界，他们也会用这个字来给一些东西命名，如"拙政园"、《拙斋文集》，他们不会单纯从字面上来定义，而是会深入发掘一些内在的美感。中国艺术将"拙"作为独特的审美范畴：画家迷恋枯笔焦墨，诗人以拙句为奇作，匠人以粗朴成雅器……看似未臻工巧的形态特征，在中国文人的笔下，呈现出突破形式拘囿的独特美感。老子曾说"大巧若拙"，换个方向思考，会发现朴拙也是另一种审美。它是自然天成的不加修饰的美，展现了本色与纯真，其内充盈着由时间沉淀而成的厚重感、古朴感，满载着匠人的温度与情感。世间的浮躁最终是需要回归于自然之中的，朴拙之趣将会是最终的归宿，在沉寂中寻觅生机。

在这个机械化的时代，朴拙的东西越来越少了，人们纷纷追求"巧"而忽视了"拙"，这就无法感受到自然和天真的意趣所在。城市和乡村设计应把握好"朴拙"这个关键词，比如通过石头堆砌房屋，通过石头的质朴感保留场地原始的肌理，又或是通过部分敞开的大空间打造人与自然对话的平台，增加人与自然亲近的可能性，给常处于城市喧嚣中的人们带来片刻的宁静。在乡村建设中，通过乡土建材的使用，诸如砖、瓦片、竹材、木材等，可以给人一种质朴、温暖、亲切、自然的感觉。石材有与生俱来的朴拙的韵味，设计时结合石材运用，可以营造更具有乡土气息的地域性景观。还可以结合乡土废弃材料，如陶罐、石磨等，通过合理利用将其变废为宝，可以更好地体现自然风貌和朴拙韵味（图 2-19、图 2-20）。此外，乡村的道路不能与城市一样采用混凝土路面，这会导致乡土特色丧失，可以采用乡土的石材来铺制路面，更能让人感到亲切。

图 2-19　借助瓦片建成的植物形式的创意围墙　　　图 2-20　瓦片砖石建成的动物样式的创意围墙

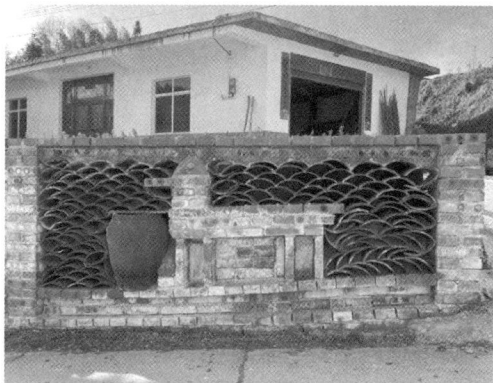

2.3.3　红色铸魂与空间叙事

　　城乡风貌的统筹建设不仅是物理空间的规划问题，更是文化价值与集体记忆的传承问题。红色文化作为中国革命精神的核心载体，在当代城乡空间中逐渐从静态的历史符号转化为动态的叙事媒介。这个转化过程体现了空间生产与意识形态建构的双向互动，既需遵循历史文脉的真实性，又需回应现代社会的功能需求，最终实现红色精神在空间维度上的"铸魂"作用。

　　红色文化的空间叙事本质上是将抽象的革命精神具象化为可感知的场所体验。以革命旧址、烈士陵园、纪念场馆为代表的红色空间，承载着"时间-事件-人物"的三重历史维度。其保护与利用需突破传统博物馆式的展陈逻辑，转向更具参与性与沉浸感的叙事设计。比如金寨县汤家汇镇的红色剧场设有沉浸式演绎剧场、VR 体验馆、光影秀展示馆等，通过沉浸式互动剧情演绎、安排游客换装并带动游客参与沉浸式互动体验，再现当地立夏节起义这一革命故事。这种叙事方式不仅打破了传统景区机械性讲解的桎梏，强化了空间的历史纵深感，也通过亲身参与激活了参观者的情感共鸣，形成个体记忆与集体记忆的对话机制（图 2-21）。

图 2-21　汤家汇镇红色沉浸式演绎剧场

在城乡景观风貌差异下，红色文化的空间叙事需采取差异化的设计策略。在城市空间中，红色遗存往往呈现碎片化特征，与现代化建筑环境存在冲突。对此，可通过"叙事网络"的构建，将分散的红色节点串联为有机整体。例如，利用线性步道连接革命遗址，并在地面嵌入历史事件的时间标记，形成时空交织的"红色地图"；或在城市更新中保留具有象征意义的建筑构件，将其转化为公共艺术装置，使红色记忆融入日常生活空间。乡村场域则更强调红色文化与自然景观、乡土生活的融合。部分乡村通过将革命故事与生产场景结合，在生态旅游中嵌入叙事体验，既避免了对历史空间的过度商业化开发，又可充分结合当地特色，为乡村振兴提供了文化动力（图2-22）。

(a)铁索桥景观　　　　　　　(b)红军情景故事　　　　　(c)模拟"红军长征路"融入自然山体地形

图2-22　金寨县大别山红色小镇"重走红军路"故事节点

技术革新为红色空间叙事提供了新的可能性。建筑信息模型（BIM）与三维激光扫描技术能够精准记录革命遗址的空间信息，为保护修复提供科学依据；增强现实（AR）技术可在实体空间中叠加历史影像与数据可视化界面，拓展叙事的时空维度；社交媒体平台的兴起则催生了"云展览""线上红色研学"等新型文化传播模式，使红色文化的受众从在地参观者扩展至全球网民。

当前实践中的核心矛盾在于历史原真性与当代功能转型的平衡。过度强调保护可能导致红色空间成为脱离现实生活的"文化孤岛"，不利于红色文化的传播；而过度开发则易引发过度商业化。对此，需在保护红色资源的前提下，从提升红色氛围、唤起情感共鸣、增强互动参与、利用外在资源四个维度综合提升红色空间的叙事性，充分发挥红色文化的时代价值。物质层面需维持空间本体与历史事件的关联性，精神层面应注重价值认同的培育而非简单的知识灌输，游客层面需引导原住民成为叙事共建者，发展层面则要协调文化保护与经济社会效益的关系。只有通过多维度的协同，红色铸魂才能真正实现从空间载体到精神内核的升华，为城乡风貌的有机更新注入深层文化凝聚力。

2.3.4　城乡融合与相得益彰

城乡景观风貌构成的城乡形象，由自然山水、历史遗迹、公共空间、建筑及街道界面等要素共同塑造而成，既包含自然景观，也包含人文景观。营造宜人的城乡景观风貌，对于推动城乡可持续发展具有积极意义。景观风貌专项规划的核心任务在于对既有风貌要素与特征加以保护，并在城乡发展建设进程中予以强化和延续。在习近平生态文明思想的指导下，城乡景观风貌有了极大的发展，但由于城市化进程的加快，自然环境遭到了极大的破坏，城乡景观风貌的地方特色正在消失，很多地区重城轻乡导致城乡景观风貌品质差异大，造成"千城一面"的状况，又或是只重视物质层面而忽视自然与人文景观。因此，如何促进城乡景观融合是当前需要思考的一大难题。

我国的城市规划区内的景观风貌受到城市规划体系的管控，而乡村景观风貌由土地利用规划体系管控。城市和乡村分属不同的管控造成两者之间无法统筹发展。正是管控法规不完善、管控单位缺失以及审批规范不同等现状，造成了城乡景观风貌管控不严、风貌缺失等问题。这些问题都在制约着城乡融合发展。

基于此，为促进城乡景观风貌的融合，进而促进乡村振兴，就要重点解决以上问题。建立健全相关法律规范是促进落实城乡景观风貌管控的必要手段。国外一些发达国家在景观风貌管控等方面发展得比较成熟，开始进入精细化的管理。我国的城乡景观风貌管控可以借鉴这些国家的立法、管理经验，结合地方实际进行管理。乡村景观是要保护和传承农耕文明影响下的荒野和朴拙的美学价值，切忌照搬城市景观规划设计，要在城市景观风貌设计的大背景下，对乡村景观进行灵活创新，展现乡村地域美。

从整体上看，促进城乡景观的融合首先要对城乡景观风貌进行全面分析，重点识别城乡区域范围内的特色资源，界定好特色资源的空间范围。其次，从现有的特色景观入手，比如对城乡的山、水、林地、田地、历史文化、风土人情等方面进行修复与提升，找出城乡景观的融合部分去深入研究，以及问题突出部分需重点解决。城市地区应从城市的总体规划设计入手，选取几个重点城市进行景观风貌的引导，对城市中不同的区域，如历史文化区、自然风景区等景观空间进行重点管控，明确相关设计规范进行统一把控。乡村地区要结合乡村的自然地形地貌和独特的景观资源，深入挖掘乡村特有的建筑、历史、自然风景、农耕文明等要素。城市与乡村接壤的地方还可以进行景观规划设计，通过自然风貌打造一个乡村的绿色空间，该区域可以发挥边际效应，作为城乡融合的一个过渡区域，减缓区域内的城市化发展速度。

在城乡融合的大背景下，乡村和城市都无法作为一个独立的个体进行规划。乡村景观规划的核心价值在于对城市文化、经济与情感资源的整合能力，最终目标是使"乡愁"拥有具象化的承载场所。乡村无须追求城市化，反而应该保护乡村特有的景观、传统民居以及美丽的田园风光。这就需要加强村民们的景观教育，引导他们充分利用乡村景观资源，融合城市的文化、经济、情感要素来调整产业结构。在保护自然环境的前提下，推动乡村旅游业的发展，朝着乡村振兴的目标协调好乡村景观资源的开发与保护之间的矛盾，进而促进乡村经济发展，实现城乡景观风貌的融合，促进乡村振兴。

第3章
城乡景观风貌的调查与评价

3.1
前期基础调查

进行城乡景观风貌前期基础调查是为了获取目标地区的基本信息，为后续深入研究和评估提供参考。通过基础的资料收集查阅，掌握调查区域的基本信息，对各调查对象的现状进行充分了解，包括所处位置、居住特点、面积范围、经济状况、历史文化等。初步掌握景观资源的分布、数量及特征，结合相关影像资料建立初步认知，为后续实地考察奠定基础。通过文献调研，可为考察路线的规划提供参考依据。

3.1.1 基本信息核查

通过网络搜索平台可获取乡镇调查的各类资料，包括景区开发的新闻报道、图文并茂的旅游资讯，以及涵盖自然、地理、历史等内容的乡镇概况介绍。可以从以下几个方面进行城乡景观风貌数据调查与研究。

（1）人口

城乡景观风貌的人口调查是一种综合性的调查方法，主要目的是了解不同地区人口特征与景观风貌之间的关系。通过调查，可以深入了解不同人口群体对景观风貌的看法、需求和喜好，为城乡规划、景观设计和社区建设提供重要的参考依据。

（2）地理信息

收集现有的地理信息数据，如卫星影像、数字地图、地形数据等，利用地理信息系统（GIS）软件进行分析。通过在地图上标注不同地区的景观特征和人口分布情况，可以对城乡景观风貌进行初步了解。利用卫星定位系统设备，获取不同地点的坐标信息。这可以帮助精确定位和记录景观特征的空间位置，并绘制地理信息图。利用航拍或无人机技术，获取高分辨率的空中影像。这些影像可以提供更为详细和全面的城乡景观风貌信息。

（3）城乡分类

需要明确城市和农村的边界和范围。可以参考行政区划、土地利用规划等相关文件，确定调查范围。收集城市和农村的相关数据，如人口数量、居民收入、就业结构、基础设施等，可以通过官方统计数据、调查问卷、社会调查等方式获取。利用遥感影像、卫星图像等图像数据，结合图像处理技术，对城市和农村进行图像分析。比如，通过识别建筑物密度、水体分布、植被覆盖等，来描绘城市和农村的景观差异。

（4）土地利用情况

收集官方统计数据、土地利用规划文件、政府工作报告等相关资料，这些资料可以提供城乡土地利用情况的宏观信息。利用高分辨率卫星影像、航空影像等数据，通过影像解译技术将影像转化为土地利用分类图。根据不同的颜色或纹理，判读不同的土地利用类型，如建筑用地、农田、林地、水域等。

（5）建筑面积

收集土地登记簿、地籍档案等官方资料，获取建筑物的面积信息，这些资料通常能提供较为准确的建筑面积数据。收集相关的文献资料，包括历史文献、研究报告、建筑设计手册等，这些资料可以提供关于城乡建筑风格、演变历程、背后的历史、文化背景等方面的信息。

（6）绿化覆盖率

收集相关部门提供的绿化管理数据，包括各类公园及绿地的面积、植物的数量、植被覆盖率等，这些数据可以提供一定范围内的绿化覆盖率信息。

（7）社会经济状况

收集相关部门提供的社会经济数据，如人口普查数据、劳动力市场数据、经济统计数据等。通过对这些数据进行整理和分析，了解城乡地区的人口结构、就业率、失业率、人均收入等社会经济指标。收集相关研究报告、官方文件、媒体报道等文献资料，了解城乡地区的社会经济发展状况。这些资料可以提供城乡地区的历史数据、政策背景、发展趋势等信息。

3.1.2　基础资料搜集

收集与乡村景观规划相关的上位规划、政策文件及图文资料。通过村委会和管理部门获取人口结构、产业状况、体制机制等数据报表。利用图书馆及万方、知网等数据库检索城乡景观规划理论与实践的文献，并进行系统整理。场所文脉调查涵盖历史、文化、社会、地理等文献资料，包括政策法规、档案报告及图纸照片等，重点关注物质遗存。资料来源包括书籍、数据库、网络，及政府、机构或个人提供的文献。

（1）现有规划与政策资料搜集

收集城乡景观风貌现有规划与政策是了解目标地区相关发展方向和指导原则的关键步骤，以下是获取城乡景观风貌现有规划与政策的一般途径。

① 城市规划部门和乡村振兴相关机构：联系当地城市规划部门或乡村振兴办公室，咨询并获取相关规划和政策文件。了解目标地区的城市总体规划、详细规划、乡村振兴战

略、规划方案等。

② 政府官方网站和门户网站：访问目标地区政府官方网站，搜索城市规划、乡村振兴等相关栏目，查找发布的规划和政策文件。一些地区还会有专门的城乡规划、农村发展、景观保护等门户网站，提供详细的规划和政策信息。

③ 图书馆和档案馆：到当地图书馆或档案馆，查阅相关城市规划和乡村振兴的文献资料、报告、统计数据等。可以查找历史文献、城市文化相关书籍，了解过去的规划和政策。

④ 专业机构和研究机构：咨询相关的专业机构或研究机构，如城市规划师协会、景观设计师协会等，获取发布的规划和政策文件。参加相关的学术会议、研讨会等活动，了解学界对城乡景观风貌相关规划和政策的最新研究成果。

⑤ 在线资源和数据库：利用搜索引擎搜索相关关键词，查找在线资源和数据库，如政府公开数据平台、学术期刊数据库等，获取相关文件和研究成果。

同时，在收集城乡景观风貌现有规划与政策的过程中，需要注意确保收集到的规划和政策文件是最新版本，并且适用于目标地区；关注城市和乡村层面的规划和政策，以及与景观、文化遗产保护等相关的规划和政策文件；注意核实文献来源和信息可靠性，确保收集到的规划和政策文件是真实有效的；遵守信息获取的法律法规，确保合法合规地获取相关文件。

（2）历史文献资料搜集与研究

收集和研究城乡景观风貌的历史文献资料，一般有以下几项内容。

① 图书馆和档案馆：到当地图书馆或档案馆，寻找与城乡景观风貌相关的历史文献资料。这些机构通常保存关于城市建设、乡村发展、景观设计等方面的书籍、报告、文献、地图、照片等。请图书馆员或档案馆员协助查阅目标地区的历史文献资料，他们可以提供指导和帮助。

② 学术期刊和研究机构：查阅相关学术期刊和研究机构的出版物，了解最新的城乡景观风貌研究成果和学术文章。例如，城市规划、景观设计、历史建筑等领域的期刊和研究报告会包含一些有价值的资料。

③ 地方政府和文化遗产保护机构：联系当地政府的文化遗产保护部门或相关机构，他们可能会有保存和整理过的城乡景观风貌历史文献资料。这些机构通常负责保护和维护城市规划、历史建筑、文化景观等方面的遗产。

④ 口述历史和采访：尝试与当地老一辈居民进行交流，在他们的记忆中可能保存有关城乡景观风貌的珍贵信息。通过采访、记录口述历史，可以获取更为直观和具体的历史资料。

⑤ 在线资源和数字档案：利用互联网搜索引擎，查找在线资源和数字档案，包括城市博物馆、历史文化馆等的网站，以及数字图书馆、数字档案馆、学术数据库等平台。这些资源平台有可能提供城乡景观风貌相关的电子文献、照片、地图等。

在研究时，需要注意确定研究的时间范围和目标地区，从而有针对性地搜索相关的历史文献资料；关注城市和乡村层面的历史文献资料，包括城市规划、农村建设、景观保护、传统建筑等方面的内容；注意文献资料的可靠性和来源，尽量选择正式出版物和权威、可信的机构发布的资料；当对文献资料进行研究时，要仔细分析、整理和评估，形成自己的观点和结论。

通过收集和研究历史文献资料，可以深入了解城乡景观风貌的历史演变、发展脉络和文化特征，为当地的规划、设计和保护工作提供有力支持。

3.1.3　实地踏勘调查

实地踏勘调查是通过直接考察获取文脉相关属性资料并进行分析的方法，也包括利用二手资料的间接分析。其手段涵盖观察、问卷调查、面谈等，以获得真实有效的数据。现场观察是最基础的方式，通过直观感受或技术手段（如踏勘、测绘、影像记录）获取可量化的客观属性。问卷和访谈则多用于主观评价。通过实地考察农村现状生态资源、文化景观资源、游憩资源、产业资源等基础资料，对农村绿道的空间构成要素特征从宏观、中观、微观多个层面进行分析，并进行评估。

实地踏勘调查分为两步：首先进行粗放式全面调查，对目标区域进行整体考察，形成初步印象；其次选定重点区域深入考察。调查过程中需实地走访，系统拍摄各类景观照片作为样本，用于后续分析评估，同时详细记录山水资源特征，确保资料全面准确。在实地踏勘拍照过程中，结合地图或照片等进行文字记录和描述，可作为考察地区的资料和后续景观评价研究的参考资料，供考察地区观测到具有当地特色的景观时参考。记录内容要包括调查评价因子集中的各项因子。目前景观记录方法主要有两种，即循线法和分区法。循线法是指适用于调查地域空间布局为狭长形的景观带，沿河流、溪流或道路等线形行进，并记录景观的方法。分区法是指根据地域特征或景观元素相似等特点，划分所要考察的区域。在大范围的景物分区或景物元素的取样研究中，常用分区方法。

踏勘调查是通过实地考察对农村各系统发展现状进行摸底的方法。调查前需准备地形图、农村居民点位置图和卫星影像，通过对比标注、拍照记录和手绘草图等方式，全面记录农村物质环境和发展状况。调研时间建议控制在两周左右，驻村体验乡村生活，深入了解当地历史、风土人情和村民意愿。

外业调查是农业地理研究的重要方法，主要包括实地调查和通信调查两种形式，其中以实地调查为主。实地调查通常采用野外踏勘、座谈访问和资料收集相结合的方式开展工作（图 3-1）。在具体调查方法上，可根据实际情况选择典型调查、抽样调查、线路调查或全面调查等不同方式，实践中往往采用点、线、面结合的综合调查方法，以确保调查工作的系统性和科学性。

图 3-1　实地调研

3.1.3.1 传统人文景观调查

在乡村调研中，采用访谈与问卷相结合的方式深入了解村民对居住环境、就业意愿、建筑改造及产业发展的诉求。访谈可通过座谈会、单独访谈或小组讨论等形式展开，而问卷调研则侧重于科学设计问题框架及系统分析数据，确保信息采集的全面性和准确性。

乡村文化景观作为自然与人文交融的载体，其价值体系涵盖三个维度：一是物质形态层面的传统建筑与聚落景观、农业生产景观及土地利用景观；二是非物质形态层面的传统习俗、地方群落文化与乡土知识体系。这些要素共同构成了反映地域特色、承载历史文脉的景观格局，其核心价值在于真实性与完整性的统一（图3-2）。

图 3-2 传统人文景观

当前乡村文化景观保护存在管理碎片化的问题，多以村镇为单位实施，缺乏区域协同机制。有效的保护策略需兼顾双重目标：既要保护单体文化要素（如建筑、农田等物质载体），也需维护其赖以存续的文化生态系统（包括生存智慧、传统技艺等非物质内涵）。通过物质与非物质保护并举，实现乡村文脉的整体性传承，使景观成为延续乡土记忆、彰显地域特色的活态遗产。

3.1.3.2 生产性景观调查

我国作为农业大国，实现全面小康的关键在于破解"三农"问题。当前农业发展面临产业结构单一、生产效率低下等瓶颈，直接制约了农村经济发展。但新形势下也孕育着转型机遇：一方面，乡村特有的生态资源、生产生活方式对城市居民形成独特吸引力，催生了农旅融合新业态；另一方面，现代农业产业化发展推动产业链延伸，正加速农业从传统种养向休闲体验、文化创意等第三产业跨越。这种产业升级既盘活了乡村资源，又为农民增收开辟了新渠道，成为乡村振兴的重要突破口。随着城镇化的推进，乡村绿道的功能性质和建设内涵与乡村产业发展有紧密的内在联系及直接的带动作用。乡村绿道建设与产业发展的契合主要体现在以下三个方面。

① 乡村内涵的支撑。乡村绿道的建设，有助于改善和提升原生性自然景观及扎根农村的区域性农事活动，改善农民生活。

② 活动体验的路径。有效的直线连接和较好的乡村绿道通达性，将为体验和参与农业产业提供重要的路径支持及空间保证。

③ 产业联动的框架。以产业带形式带动产业之间的联系，以产业集聚效应推动农业产业化发展，乡村绿道的空间耦合作用将得到促进。

在具体规划过程中，要遵循这样的原则：通过农产品加工、生态旅游等方式，依托农村地区特色农业产业，拉长农业产业链条；坚持生态绿色发展理念，在处理好经济发展与资源环境的关系上，强化集约资源利用；要结合当地产业基础和自然、人文资源的规划，因地制宜地发展当地的优势产业。生产性景观如图 3-3 所示。

图 3-3　生产性景观

3.1.3.3　基本自然景观调查

景观勘测的野外工作是通过系统的实地考察获取精确数据，将遥感图像解译单元转化为具体的景观分类体系。这项工作需要对选定样点进行综合记录，包括土壤特性（如质地和 pH 值）、植被类型及其群落结构、地貌特征（如坡度与高程）等自然要素，同时考察土地利用现状（如耕地林地建设用地的空间分布等人为活动痕迹），并兼顾基岩特性、水文特征等生态关联要素。在数据采集方法上，通常采用随机采样确保数据代表性，后期结合统计方法进行处理分析。城乡景观风貌基本自然景观调查是对城乡地区自然景观的研究和描述。在实地工作前，要收集相关的地理、气候、生态等方面的背景资料，了解研究区域的基本概况。进入研究区域，在不同地点进行实地观察，记录自然景观特征。可以采用目视观察、照片记录、绘制草图等方法，关注地貌特征、植被分布、水体分布等方面的特征。城乡景观风貌基本自然景观调查对于城乡规划、生态环境保护、景观设计等具有重要的应用价值。调查结果能够为相关决策提供科学依据，并促进城乡可持续发展。

（1）自然特征

① 气候。收集气象观测站的气象数据，包括温度、降水量、湿度、风速、气压等指标，这些数据可以从当地气象局、气象研究机构或气象网站获取。查阅历史的气象记录，包括过去数十年的气象观测数据和气候报告，这些记录通常有助于了解气候的长期趋势和季节变化。使用气候模型进行分析和预测，气候模型是基于大气物理、海洋学和地球系统科学原理建立的数值模拟模型，可以模拟出未来一段时间内的气候变化趋势。针对特定气候事件，如极端天气、干旱或洪涝灾害等，进行调查研究。收集相关的观测数据、影响分析和应对措施，以评估当地气候对社会经济和生态环境的影响。

通过气候调查，可以了解当地的气温、降水、湿度、风向、风速等气候指标的变化趋势和季节特点。这对于农业规划、城市设计、资源管理等领域具有重要的参考价值，有助于采取相应的措施来适应和应对气候变化。

② 土壤。土壤调查采用多学科交叉的研究方法，主要包括地理景观分析法、微气候

观测法、土壤剖面形态诊断法、地球化学迁移研究法和指标分析法等综合技术手段。在实际调查过程中，首先需要选择具有代表性的样点进行野外采样，详细记录采样点的地理坐标、土层发育状况、土壤颜色特征和质地类型等基础信息。通过开挖标准土壤剖面，系统观测各发生层的厚度、颜色、结构体发育状况、湿度等特征参数，以掌握土壤的垂直分异规律。

采集的土样需进行系统的实验室分析，包括物理性质测试（如土壤机械组成、容重、孔隙状况、持水特性等）和化学性质检测（如 pH 值、有机质含量、速效养分含量及重金属污染状况等）。同时开展土壤微生物群落分析，研究其种群组成和数量特征，以评估土壤生态系统的健康状况。在野外还需重点考察土壤侵蚀特征，通过地表沟壑发育程度、粗颗粒物质堆积状况及植被覆盖度等指标，判断侵蚀类型和强度等级。最终运用 GIS 空间分析技术，将调查数据与遥感影像、地形图件等空间信息进行整合处理，生成土壤类型分布图和属性特征专题图件，为土壤资源评价和管理提供科学依据。

通过土壤调查，可以了解土壤的物理、化学和生物学特性，评估土壤的肥力、污染程度和适宜用途。这对于农业生产、土地规划、环境保护和土地治理等方面具有重要的参考价值，有助于制定合理的土壤管理策略和保护措施。

③ 水体。河流廊道是城市生态网络典型的带状空间，它与陆地、道路组成水陆交错空间和蓝绿交织的生态空间，是联结城市与自然生态的动态脉络，也是城市居民在忙碌之余亲近自然、健身休闲、陶冶情操和社会交往的理想场所。

收集资料：采集考察区域内的地理资料，生态护岸设计的有关资料，如结构形式、植被品种、光照条件、水质状况等。

实地调查：主要是对踏勘区域内的生态护岸建设、整治、使用、护岸类型、设计特点、城市滨水区域内护岸位置、类型特征、现场照相等进行选择性踏勘。

实例分析：对城市河道生态护岸景观设计的策略与方法进行河段护岸景观的营建与设计分析。

④ 植物。调查统计植物物种资源，抽样调查典型植物群落，运用物种多样性指数分析植物多样性特征；构建多个景观特征因子，采用 SD-SBE 法对植物景观进行相关性分析，探讨影响植物景观美景度的因素。

a. 乔木的调查内容与方法。乔木的主干明显，分枝点在 1m 以上，又分针叶乔木、阔叶乔木、常绿乔木和落叶乔木等。在统计调查中，实测乔木胸径在 3cm 以上，高度在 2m 以上，并对样地植物的种名、高度、株数、冠幅、胸径等进行记录。

b. 灌木的调查内容与方法。灌木调查需区分单株与片植两种情况：对单株灌木记录种名、冠幅、高度等个体特征，对成片灌木则统计种类构成、覆盖面积及整体高度参数。基础资料收集应涵盖地方志、植被分布图、植物名录等文献资料，通过系统梳理植物造景相关研究文献，建立理论基础框架。实地调查重点包括三个环节：一是对园林新优品种和引种植物进行专项调查；二是按观赏特性、科属分类、叶色花色等特征建立分类体系；三是开展周期性物候观测，每 2～3 天记录一次植物生长发育动态，采用影像记录和文字描述结合图示的方法，重点追踪开花物候（始花期、盛花期、衰花期、终花期及花期持续时间）和展叶物候（展叶始期、春色叶显现期及变色期）。最终用 Excel 进行物候数据的统计分析，建立完整的植物物候谱系数据库。

⑤ 地形。在实地工作前，收集相关的地理、地质、气候等方面的背景资料，了解研究区域的基本概况。进入研究区域，在不同地点进行实地观察，记录地形地貌特征。可以采用目视观察、照片记录、绘制草图等方法，关注地表形态、水系分布、地物覆盖等方面的特征。通过测量获取的数据包括地表高程、坡度、坡向等。根据需要，采集岩石和土壤样品进行室内分析。岩石样品的采集可以用于岩性鉴定和放射性元素测试；土壤样品的采集可以用于判断土壤类型、质地和含水量等。利用航空摄影或卫星遥感影像进行地形地貌分析，通过解译影像，可以快速获得大范围的地表形态和地貌特征信息。整理和处理采集到的数据，使用专业软件进行数据分析和建模。例如，生成数字高程模型（DEM）、制作等高线图和坡度图等。根据实地观察和测量数据，制作地质剖面图。剖面图可以显示地层分布、断裂和褶皱等地质构造特征。根据观察和数据分析，推测地貌形成的演化过程。结合地质背景和气候条件，理解地貌形态的形成机制。

地形地貌调查是地学研究的重要基础，对于地质灾害评估、土地利用规划、资源勘查等具有重要的应用价值。

（2）建筑特点

前往城乡地区进行实地观察和拍摄，记录建筑物的类型、风格、材料、色彩、布局等特点。通过对建筑外观、内部空间、细节等方面的观察，获取详细的建筑特点数据。

设计合适的调查问卷，邀请居民、商户、建筑师、规划师等相关人士参与。通过问卷调查了解他们对当地建筑特点的认知，以及对未来发展的期望。对当地老年人进行采访，了解他们对当地建筑演变过程的回忆。通过口述历史的方式，获取宝贵的关于建筑特点和传统建筑技艺的信息。

选择一些关键的、有代表性的居民等进行面谈。通过他们的经验、见解和意见，了解城乡建筑特点的形成原因、保护现状、未来发展方向等。

收集并分析相关的照片、视频、卫星影像等影像资料，对建筑物的视觉特征进行分析。可以利用遥感技术和图像处理软件等工具，获取建筑物的尺度、形态、密度等方面的数据。

调查时，需要注意确定调查范围和目标，明确需要获取的建筑特点信息类型和深度；确定合适的调查方法和工具，如实地观察、文献资料收集、问卷调查等，并结合各种方法进行综合分析；根据需要，进行样本设计和调查方案制定，包括确定调查区域、调查对象和调查时间等；保证调查员的专业素质和调查流程的标准化，提高数据采集和处理的质量；尊重被调查者的权益和隐私，确保数据的保密性和安全性；结果分析要客观公正，避免主观偏见和错误的归纳推断。

通过城乡景观风貌建筑特点调查，可以了解城乡地区的建筑特点、传统建筑文化、历史演变等，为保护传统建筑风貌、合理规划城乡建设提供参考和依据。

（3）道路布局

实地观察和拍摄，记录道路的类型、结构、宽度、长度等特点。观察道路的规划布局、交通流量、行人通行情况等。利用地理信息系统技术，获取城乡道路网络的空间数据。通过对地图和空间数据的分析，了解道路的分布情况、连接性、交通流线等特点。在实地调查的基础上，利用专业测量工具进行道路的宽度、长度、路段坡度、弯道曲率等因素的测量。精确测算道路的几何特征参数。通过安装交通监控设备、使用交通流量统计器等方法，收集道路上车辆、行人的流量数据，了解不同时间段的交通状况、交通拥堵情况等。设计合适的问卷，邀请驾驶员参与调查。通过询问驾驶员对道路的评价、意见和建议，了解道路布局对驾驶体验的影响。通过观察和问卷调查等方式，了解行人对道路布局的感受、行走便利度、安全性等方面的看法，从而评估道路对行人的适应性。通过与当地居民进行交流和座谈，听取他们对道路布局的观点和需求。了解他们对道路改善的期望和建议。通过查阅历史资料、城市规划文件等，了解城乡道路布局的演变历程、背后的历史、文化背景等，从中获取关于道路布局的重要信息。

（4）绿化状况

对绿化区域进行实地观察和测量，记录绿化区域的类型（如公园、街道、广场等）、植被种类、植物数量、植物健康状况等信息。利用卫星遥感影像或无人机航拍影像等技术，获取城乡地区的高分辨率图像。通过图像处理和分析，了解绿化区域的覆盖率、绿化密度、植被状况等指标。对绿化区域内的植物进行详细调查和分类。记录植物的种类、数量、生长情况、植株高度等信息，以及鉴定植物的健康状况、生长状况等。利用地理信息系统技术，获取城乡绿化区域的空间数据。通过对地图和空间数据的分析，了解绿化区域的分布情况、连接性、面积等特点。设计调查问卷，向居民了解他们对绿化状况的感受和意见。询问绿化区域的满意度、改善建议、绿化设施利用情况等方面的问题，以获取公众对绿化状况的反馈。分析城乡地区的气象数据，比如降雨量、温度等对绿化影响的因素，了解气候条件对植物生长和绿化状况的影响。通过查阅历史资料、城市规划文献等，了解城乡绿化的发展历程和政策规划等背景信息，从中获取关于绿化状况的重要信息。

通过城乡景观风貌绿化状况调查，可以了解城乡地区的绿化覆盖率、植被类型、植物健康状况等信息。这为绿化规划、环境保护、生态恢复等工作提供了参考和依据，促进城乡地区的可持续发展。

3.2
城乡景观风貌评价

3.2.1　国内国外研究进展

3.2.1.1　国外研究进展

早在20世纪60年代，美国等国家就开始了景观评价研究。最初的研究主要侧重于衡量景观的价值，并强调比较不同景观间的相对价值。80年代，开始对景观特质进行划分，着重比较不同景观区域之间的差异。90年代，则更加关注景观特质在评价中的作用，同时对整个评价过程进行了说明。

景观视觉环境评价理论体系的发展呈现出多元化的特点。Daniel和Vining（1983年）在其奠基性研究中系统提出了五种评价模式：生态模式侧重景观的生态功能价值；形式美学模型关注景观的形式美特征；心理物理模式强调人类感知与景观物理特征的定量关系；心理与现象模式则着重探讨个体主观体验。经过长期的理论演进和实践检验，当前景观评价研究已形成四个主要学术流派：专家学派依托专业知识和规范标准进行系统评估；心理物理学派通过量化分析建立景观特征与人类审美偏好的数学模型；认知学派从环境心理学角度研究景观的认知过程和意义解读；经验学派则通过现象学方法深入探讨人与景观互动产生的个体体验。这些学派各自发展出独特的评价方法体系，共同构成了景观评价研究的完整理论框架（表 3-1）。

表 3-1　四大学派景观评价比较

四大流派	理论方法	评价手段	主要模式
专家学派	强调景观的线性、形体、色彩和质地等元素，在评价时以"多样性""奇特性""统一性"等原则作为依据	主要由少数的专业人士完成，通过将景观抽象成各个要素，并对要素进行分类和分级，再以形式美和生态原则打分	形式美学模式、生态学模式
心理物理学派	以行为主义心理学和心理物理学为理论基础，认为景观与景观审美是一种"刺激与反应"的关系，将心理物理学的信号检测方法运用到景观评价中	测量公众对景观的审美态度，运用心理物理学方法建立一个"景观与美景度"关系的量表，然后在该量表与景观要素之间建立量化的数学关系	心理物理模式
认知学派	以格式塔心理学、知觉心理学及进化论思想为基础，把景观当成人的生存空间来认识，讨论其对人类生存和进化的意义	主要通过问卷调查、默画地图、访谈等方法收集大众对景观的感知信息，以定性的研究和评价为主	认知模式、心理模式
经验学派	强调人在评价过程中的主观作用，认为景观是人类文化不可割舍的一部分，以历史的观点来分析景观的价值	通过调查问卷、心理测量等方法对客观景观进行研究，其调查评价更强调评价者对景观的反应，详细了解被调查者个人经历、体会和感受	经验模式

景观评价理论在多元学派的影响下，逐步发展出六大核心模式：形式美学模式（关注景观的形式美特征）、生态学模式（强调生态功能价值）、认知模式（研究景观的认知过程）、经验模式（注重个体体验）、心理物理模式（建立景观特征与感知的定量关系）和心理模式（探索深层心理反应）。在这些理论模式的指导下，形成了四大典型评价方法：层次分析法（AHP）通过构建层次结构模型进行系统评估；美景度评价法（SBE）基于公众审美偏好进行量化评分；语义分析法（SD）运用心理学量表测量景观感知；人体生理心理指标法（PPI）通过监测生理反应评估景观影响。

3.2.1.2　国内研究进展

在中国，景观评价工作起步相对较晚。目前的文献和实践案例主要集中在介绍国外景观评价系统，并根据中国的实际国情对案例进行评价。尽管我国在景观资源保护的法规条例方面还不够完善，但这也是一个良好的起点。同时，统一和系统的景观评价及景观普查也已经成为重要议题，学术界对于景观评价的研究也日益活跃。未来的景观评价工作，应更加注重研究符合中国实际特点的评价理论。

近十年来，随着景观评价理论的深化和研究技术的革新，该领域呈现出显著的跨学科融合发展趋势。学者们突破传统单一评价方法的局限，积极探索多元方法论的协同应用，主要体现在两个创新维度：一是评价方法的组合创新，如将侧重公众审美感知的美景度评价法（SBE）与强调系统分析的层次分析法（AHP）有机整合，构建兼顾主观偏好与客观指标的评价体系；二是技术手段的交叉运用，典型代表是灰色系统理论（GST）与 AHP的结合。

此外，地理信息系统（GIS）、虚拟现实技术（VR）和大数据分析等也在景观评价中得到广泛应用。地理信息系统可以提供空间数据分析和可视化展示的能力，帮助评价者更好地理解和分析景观特征。虚拟现实技术则可以模拟真实场景，使评价者能够身临其境地感受和评估景观的品质。而利用大数据分析，可以从海量数据中挖掘出有关景观评价的有用信息，为评价工作提供更全面的支持。

描述因子法、问卷调查法和心理物理学法是目前国内外较常使用的景观评价方法。描述因子法用于描述景观特征；问卷调查法用于获取观赏者意见和偏好；心理物理学法则研究观赏者对景观的感知和反应。

相比其他评价方法，城乡景观评价较为复杂，难以用科学方法进行准确评价。原因在于城乡景观评价不仅依赖景观特性，还更大程度上取决于观赏者的主观感受和评定。然而，近年来，随着景观生态学、美学、心理学、统计学和计算机科学等学科的发展，对城乡景观评价的研究也变得更加深入、客观和定量化。

例如，景观生态学的发展使得人们可以更好地了解城乡景观与生态系统之间的关系，从而更准确地评估景观的生态功能和可持续性。美学和心理学的研究揭示了人们对景观审美和情感反应的心理机制，帮助人们理解观赏者对景观的喜好和评价标准。统计学和计算机科学的进步则为数据分析与模拟建模提供了更强大的工具，使得城乡景观评价可以更加客观和定量化（表 3-2）。

表 3-2　景观评价方法比较

景观评价方法	概念	主要评判者
描述因子法	通过对景观的各种特征或成分的评价获得景观整体的美景——反映各风景美学质量的相对值，通过评价景观区域内所有与风景有关的要素来确定风景价值	专家
问卷调查法	通过向居民、游客提问并汇总结果来评价某一景观区域的风貌，主要是一种实验心理学的方法	公众
心理物理学法	建立环境刺激和人们感觉、知觉和判断之间关系的方法	公众

3.2.2　当前常用评价方法

当前城乡景观风貌评价方法体系呈现出理论深化与技术革新并进的发展态势。心理物理学派的经典方法（SBE、LCJ、SD）奠定了评价方法论的基础，通过建立景观物理特征与人类审美感知的量化关系，实现了评价的客观化突破。随着研究的深入，系统分析方法（如 AHP）和不确定性处理技术（如灰色关联度法）的引入，显著提升了多维度、多准则复杂景观系统的评价能力。新技术应用正在重塑评价范式：VR 技术通过沉浸式环境模拟实现景观体验的可控实验，GIS 空间分析技术为景观格局评价提供地理维度支撑，眼动追踪技术则从视觉认知机理层面揭示景观感知规律。

这些方法的发展为城乡景观评价提供了更全面、科学的手段。美景度评价法通过测量景观特征对观赏者好感度的影响，捕捉评价信息。比较评判法则基于将景观特征进行两两比较，通过统计分析得出最终评价结果。语义分析法通过观赏者对景观的描述进行语义分析，揭示其中的情感和认知信息。通过虚拟现实技术，观赏者可以沉浸在虚拟的景观环境中，从而提供更真实的主观感受和评价。地理信息系统可以整合各种空间数据，分析景观特征和空间的关系。

（1）美景度评价法

美景度评价法（SBE）是一种通过照片评分量化景观美感的经典方法，1976 年由 Daniel 提出。其核心是让观众对标准化的景观照片打分，建立景观特征与审美评分的数学模型。该方法在自然景观评估中效果显著，但用于城乡风貌评价时存在三维空间体验缺失、社会文化因素难量化等局限，需结合新技术进行优化。

美景度评价方法的模型包括以下三个部分：测定公众的审美态度，即获得美景度（SBE）的量值。这个步骤通过实地调查和景观照片获取，让公众评价景观的视觉质量。可以使用描述因子法、调查问卷法或直观评价法等方法来收集公众的评价数据。例如，公众可能会被要求对展示的景观照片进行评分或提供对景观的主观描述，将各种城乡景观进行要素分解并测定各要素的量值。在这个步骤中，将城乡景观分解为不同的要素，如植物、水体、建筑等，并对每个要素进行评价。这可以通过实地调查和样地设定来完成，收集各要素的量化数据。建立美景度与各要素之间的关系模型。最后一步是建立美景度与各要素之间的关系模型。通过对公众的审美态度数据和各要素的量值进行统计分析，可以建立数学模型来描述美景度与各要素之间的关系，这可以通过数据的标准化处理和模型建立来完成。

美景度评价法在收集实验数据时，把城市与乡村两类照片随机插入 PPT 中，选择不同专业的学生和老师，在多媒体教室利用投影放映。在评判前，向评价者做一些简要的评判说明，不要透露可能影响评价的细节。先把照片给观众浏览一遍后，然后开始正式评判，放映两张照片之间停留 10s，其间对照片进行打分，按照播放顺序在照片美景度评价表相应栏内打"√"，评价时反应尺度采用 7 分制（表 3-3）。

表 3-3　美景度等级及评价得分

等级	极喜欢	很喜欢	喜欢	一般	不喜欢	很不喜欢	极不喜欢
美景度得分值	3	2	1	0	−1	−2	−3

首先，需要确定评价的因子，如植被、水体、建筑等。这些因子可以通过问卷调查、走访分析和现有数据整理分析来确定。然后，针对每个因子确定相应的指标，例如植被覆盖率、水质状况、建筑风格等。将定性指标转化为定量指标，使用模糊数学的方法将定性指标划分为不同的等级，并用相应的权重进行加权计算，得到每个因子的得分。最后，根据建立的指标体系对村落进行评价，将各个因子的得分综合起来，得到村落景观的综合评价结果。需要注意的是，评价结果主要是将村落的景观进行等级划分，无法直接比较不同村落之间的优劣。如果需要进行跨村落的比较，可以根据样本数量确定不同村落之间的比较程度，以提高评价方法的可靠性和有效性。

（2）层次分析法

层次分析法（AHP）是一种系统化决策工具，通过构建层次结构模型将复杂问题分解为目标层、准则层和方案层，并采用1～9标度法对各要素进行两两比较，建立判断矩阵。该方法通过计算特征向量确定权重分布，并辅以一致性检验（CR＜0.1）确保逻辑合理性，最终实现定性分析与定量计算的有机结合。

通过构建判断矩阵实现景观评价因素的量化分析。首先建立 n 阶正互反矩阵，采用1～9标度法对各因素进行两两比较。通过计算最大特征根和特征向量，验证矩阵一致性（CR＜0.1）。运用和积法计算权重：将判断矩阵列归一化后求行平均值。最终综合得分为各因素权重与对应标准频率、分数的加权求和。该方法通过数学建模将主观判断转化为定量分析，为景观评价提供系统化决策支持。

（3）使用后评价方法

城乡景观风貌的常规评价方法之一是使用后评价方法（post occupancy evaluation，POE）。从使用者的角度出发，对已建成的城乡风貌进行系统评价。它主要关注使用者及其需求，通过分析现有的使用情况，提供未来规划设计的依据，发挥城乡景观的使用功能。

使用后评价方法通过系统化程序评估城乡景观的实际使用效果。该方法首先采集使用者活动数据（包括人流量、使用频率、行为模式等），结合问卷调查和深度访谈获取主观反馈。随后对数据进行统计分析，对比设计方案与实际使用效果的差异，识别功能缺陷或需求不匹配等问题。基于分析结果形成针对性改进建议，涵盖空间布局优化、设施完善和管理调整等方面。最后通过持续监测验证改进措施的有效性，形成闭环反馈机制。在实践应用中，使用后评价方法面临两个主要挑战：一是使用者主观偏好可能影响评价的客观性；二是受限于调研条件和资源，评价范围与深度可能不足。为提升评价质量，建议采用多源数据交叉验证，并合理控制评价维度的深度与广度。

因此，使用后评价方法实施可分为三个递进阶段：①准备阶段需明确评价目标与范围，建立包含使用者特征、活动类型、满意度等维度的评价指标体系；②执行阶段采用混合研究方法，通过系统观察记录人流量时空分布特征，结合结构化问卷（量化数据）和半结构化访谈（质性资料）获取多维数据；③分析阶段运用空间句法、行为注记等工具解析数据，识别设计预期与实际使用的偏差，最终形成包括空间重组、设施优化、管理调整等在内的分级改进策略。该方法通过"数据采集-问题诊断-方案生成"的闭环流程，有效衔接景观设计与使用需求，但需注意通过抽样控制和数据三角验证来提高评价效度。

在城乡景观风貌的评价中，使用者满意度是一个重要的评估指标，它能够综合评价使用者对景观质量的主观感受和反馈。满意度评价旨在通过定性和定量相结合的分析与评价，来了解城乡景观的特点和使用者的满意程度。

满意度研究主要关注城乡景观风貌的相关组成要素，包括自然要素、社会经济要素和文化要素等方面。自然要素包括自然景观、植被、水体等自然元素对城乡景观的影响。使用者对自然要素的满意度可以反映出他们对自然景观的美感、生态环境的舒适度和生活品质的期待等。社会经济要素包括建筑物、街道布局、交通设施等人造要素对城乡景观的影响。使用者对社会经济要素的满意度可以反映出他们对城市规划、基础设施和公共服务的评价，以及对便利性和可达性的需求。文化要素包括历史文化遗产、传统建筑、民俗风情等文化元素对城乡景观的影响。使用者对文化要素的满意度可以反映出他们对文化保护和传承的重视程度，以及对独特性和文化认同的期望。

3.3
现代辅助技术

3.3.1　地理信息系统

3.3.1.1　地理信息系统（GIS）概述

GIS 是多种学科交叉的产物，其发展研究的推进不断促进了城市空间评价研究的更新迭代。从宏观角度来看，GIS 是一种集成多学科技术的综合性应用领域，涵盖遥感、地图学等多个学科。随着研究的深入以及时代的发展，GIS 技术已广泛应用于各个研究领域。从微观层面而言，GIS 是建立在计算机硬件和软件基础之上的技术系统，能够对地球表面地理数据进行采集、存储、管理、计算、分析、可视化展示和描述。凭借强大的数据分析能力和空间可视化功能，GIS 在诸多领域展现出重要的应用价值，可以将景观等多学科与 GIS 平台共同配合应用，来达到对城乡景观风貌的科学量化评价。

3.3.1.2　GIS 的空间分析发展概述

GIS 的空间分析发展概述见表 3-4。

表 3-4　GIS 的空间分析发展概述

时间	概念形成	提出者	基本内容
1950～1970 年	数字地形模型	Charles Leslie Miller	GIS 概念的初步形成以及空间视觉分析的萌芽阶段
	基于数字地形模型的通视算法	Ford 等人	
	地理信息系统	R. F. Tomlinson	
1970～1980 年	GIS 分析软件	Michael R. Travis	针对空间视觉分析的 GIS 软件逐渐被开发
	研究范围内二进制可视域图	Amidon 等人	

时间	概念形成	提出者	基本内容
1970～1980 年	网格单元信息管理系统	D. F. Sinton	针对空间视觉分析的 GIS 软件逐渐被开发
	空间可视点集	C. R. V. Tandy	
1980～2000 年	数字高程模型的均方差对视域分析结果的影响	Peter. F. Fisher	基于 GIS 的视觉空间研究方法被不断完善
	地理信息系统软件 Arc Info	Environmental Systems Research Institute，ESRI	
	地理资源分析支持系统 GRASS	US Army Engineer Research and Development Center，USA-CERL	
2000 年至今	城市空间分析软件 Depthmap	Cenntre for Advanced Spatial Analysis，CASA	视觉空间研究向三维空间延伸
	快速和精确地构建城市数字高程（Urban DEM）模型	万文利等人	

3.3.1.3　GIS 技术分析案例

GIS 技术作为一种综合性的分析与管理系统，在景观视觉质量评价过程中，被广泛应用于视觉吸收能力、景观质量以及视觉敏感度等环节。相关案例研究以九寨沟自然保护区为例，运用 GIS 技术对景观视觉吸收能力进行了评估，从而为景观规划与生态保护提供科学依据。

（1）区位与数据来源

九寨沟国家级自然保护区位于四川省阿坝藏族羌族自治州九寨沟县境内，其流域最大相对高差达 2768m，最大高差之间的水平距离约 46km。这种显著的地形起伏，使得区域内形成了多样化的地貌类型、植被分布和水文特征，从而塑造了丰富的自然景观和人文景观。在前期数据处理中，利用 ArcGIS 软件对九寨沟管理局提供的数字地形图进行等高线和高程点数据的提取，生成研究区的 DEM 数据，并按照 10m 图像分辨率进行重新采样。此外，还整合了植被分布图、土壤类型图，以及现场考察所采集的保护区主要景点、重要地物的经纬度坐标数据和游线轨迹信息，以确保研究数据的全面性和准确性。

（2）评价方法

景观视觉吸收力评价指标体系的构建采用德尔菲法确定各评价指标及其权重，并结合空间模糊评价方法。利用 GIS 软件对各项指标进行分级处理，并通过叠加分析进行综合评价。随后，通过专家咨询建立层次递阶结构模型，自上而下对各指标进行比较分析，确定其重要性及权重。最终，选取坡度、坡向、地形起伏、植被丰富度、植被格局和土壤稳定性六项关键指标用于九寨沟自然保护区的景观视觉吸收力评估。

① 坡度。通常，具有较高景观视觉吸收力的区域往往地形较为复杂，即使发生景观

破坏，其影响范围也较小。坡度越陡，暴露的视觉面积越大，因而视觉破坏程度更为显著，导致景观视觉吸收力降低。本指标基于 DEM 数据计算并进行处理。

② 坡向。坡向指土地表面对某一视点的倾斜方向，包含水平与垂直分量。研究表明，背阳面的光照较弱，景物色调较暗，土壤较为稳定，即使受到视觉破坏，其影响也较小。因此，从水平坡向来看，朝北坡面的景观视觉吸收力一般优于朝南坡面。本指标同样基于 DEM 数据计算与分析。

③ 地形起伏。地形的复杂程度直接影响景观视觉吸收力，起伏较大的地形能有效降低景观变化带来的视觉影响，从而提高视觉吸收力。该指标通过 DEM 数据计算，并采用 GIS 窗口递增分析法进行最佳统计单元的计算（采用 7×7 模式），随后按照地势起伏特征进行分级处理。

④ 植被丰富度。植被丰富度受地形、气候及季节变化等因素影响。一般而言，植物种类越丰富、群落结构越复杂的区域，受到人为干扰的影响越小，生态系统更具稳定性，因此视觉破坏程度较低，恢复能力更强。

⑤ 植被格局。景观视觉吸收力还受到植被格局的影响。相比植被覆盖单一的区域，森林与疏林交错分布的地区更易适应景观变化，并展现出较高的视觉吸收能力。此外，在视觉观测过程中，高大茂密的森林能够提供遮挡作用，从而进一步提升景观视觉吸收力。

3.3.2　虚拟现实技术

3.3.2.1　概述

"虚拟现实"即 virtual reality，简称 VR 技术。这一名词是由美国 VPL 公司创始人拉尼尔（Jaron Lanier）在 20 世纪 80 年代初提出的。虚拟现实基于可计算信息的沉浸式交互环境，又称灵境技术或人工环境，它融合了计算机图形学、计算机仿真、人工智能、传感、显示、网络并行处理等多种先进技术，构成了一种以计算机技术为核心的高精度模拟系统。最初，虚拟现实技术起源于美国军方的作战模拟系统，并在 20 世纪 90 年代初开始引起各界关注，随后在商业领域得到了进一步发展。其核心特征在于利用计算机生成人工构建的三维数字模型，从而营造出以视觉感知为主，并结合听觉、触觉等多种感官体验的虚拟环境，使用户能够沉浸其中，观察、操作甚至感知周围环境的变化，并与之进行实时交互。这种技术依靠计算机技术的高度集成，构建出一个高度仿真的虚拟环境，用户可借助专门设备以自然方式与虚拟对象互动，从而获得与真实环境相似的体验。

近年来，虚拟现实技术已成为国内外科技领域的研究热点，并呈现出迅速发展的趋势。该技术使得复杂或抽象的系统概念得以具象化，通过符号化的方式将各个子系统清晰呈现。作为一项综合性工程，虚拟现实技术不仅涉及计算机图形学、实时分布系统、数据库设计、机器人技术及多媒体技术，还结合了心理学、控制学等多个学科领域，以增强对用户感知的影响。

随着虚拟现实技术的不断完善，其应用范围逐步扩大，并受到越来越多用户的认可。该技术通过高度逼真的模拟环境，为用户提供沉浸式的感知体验，使其能够在虚拟世界中获得极具真实性的感受。此外，虚拟现实不仅具备人类常见的听觉、视觉、触觉、味觉和嗅觉等感知能力，还拥有强大的仿真系统，实现了高效的人机交互，使用户在操作过程中能够自由探索并获得即时的环境反馈。凭借存在性、多感知性和交互性的优势，虚拟现实技术在城乡景观空间品质的评价和优化设计方面展现出了广阔的应用前景。

3.3.2.2 案例

（1）VR内容创作

虚拟环境可以完全由计算机生成，也可以基于360°全景视频记录并经过编辑的真实场景构建。尽管这些方法主要侧重于视觉输入，但听觉（如流水声、树叶沙沙作响）同样可能在绿色基础设施的健康效应中发挥关键作用。此外，环境中的气味也可能引发有益的生理反应。因此，VR体验的多感官特性为前沿研究者提供了广阔的研究空间。基于对相关文献的系统性回顾以及科研实践的总结，笔者认为，对于那些关注绿色基础设施健康效应但对VR技术尚不熟悉的入门研究者而言，在研究初期应优先聚焦于人类最主要的感官——视觉。一方面，视觉感知在环境体验中占据核心地位；另一方面，关于多感官输入与情绪反应之间的关系，现有研究仍较为有限。因此，在视觉、听觉和嗅觉等感官体验的交互作用获得充分的实证支持之前，以视觉为基础的多场景比较可能比多感官综合研究更具生态效度。

（2）VR实验设计

实验研究是一种探索绿色基础设施健康效益关键影响因素的有效方法。不同于相关性研究或准实验研究，该实验研究通过人为干预实验变量，观察其对实验对象产生的具体效应。在缺乏随机分组和对照组的情况下，很难精确评估特定绿色基础设施对受试者心理健康的实际影响。因此，VR实验设计可以广泛应用于健康影响评估研究。研究绿色基础设施健康效益的实验设计主要包括被试间设计和被试内设计。

① 被试间设计。被试间设计是指将受试者随机分配至不同实验组，每组受试者仅接受一种自变量处理，确保除自变量外所有实验条件保持一致。例如，在VR研究中，对照组体验的场景不包含绿色基础设施，而实验组则能够观察到不同类型的绿色基础设施元素。实验需遵循随机分配原则，以最大限度减少个体差异（如生活习惯、行为模式等）对实验结果的干扰，提高研究的客观性。一般而言，实验采用简单随机化，使每位受试者都有相同概率被分配至A组、B组或C组。然而，在样本量较小的情况下，可以使用组块随机化，以确保各组样本数量均衡，提高统计效能，并能更有效地检测弱效应（即实验组间的微小差异）。

尽管被试间设计在VR研究中广受应用，但其也存在一定局限性。例如，为确保实验可靠性，被试者通常需要长时间、多次访问实验室，这可能导致受试者流失，从而降低样本量。此外，实验可能受到顺序效应的影响，如多次练习可能导致"学习效应"，而较长的实验过程可能引发疲劳效应，进而影响问卷测量的主观性。为降低这些误差，可以采用实验条件平衡设计。此外，在绿色基础设施健康效益研究中，除了通常控制的性别变量外，研究者还应关注年龄、民族、职业、经济状况、景观偏好、环境熟悉度、自然连接感、感知安全性及VR体验经验等个体特征对实验结果的潜在影响。

② 被试内设计。被试内设计，又称重复测量设计，要求所有受试者经历所有自变量水平的实验条件。例如，实验可以让一半的参与者先观看场景A，再观看场景B，而另一

半参与者按相反顺序观看，以减少顺序效应带来的干扰。此外，在实验前安排问卷练习或认知任务训练，也有助于降低学习效应的影响。这种设计方式的主要优势在于，使每位受试者作为自身对照，从而减少个体差异对实验结果的影响，提高统计效能。然而，由于被试者需长时间参与实验，可能会增加疲劳感，影响实验数据的有效性。因此，在设计 VR 相关实验时，研究者需权衡实验精确性与受试者体验，以优化实验方案。

（3）健康测量

VR 数据测量工具、方法及案例见表 3-5。

表 3-5　VR 数据测量工具、方法及案例

相关变量		工具或方法	VR 研究案例
情绪健康	焦虑	状态-特质焦虑量表	比较了暴露在 4 种虚拟环境（没有植物或窗户的房间、绿色墙壁的房间、窗外能看到绿色景观、房间里有绿色的墙同时窗户外有绿色景观）前后的焦虑水平
	积极/消极的影响	正负情绪量表（PANAS）、情绪状态量表（POMS）、祖克曼个体反应问卷（ZIPERs）、差异情绪量表（DES）	研究了受试者暴露在 5 种不同的虚拟公园场景后的情绪状态，环境变量包括不同的建筑元素、植物、光线水平和天气模式，用于诱发特定情绪
	主观恢复性/放松状态	恢复结果量表（ROS）、感知恢复性量表（PRS）宁静评级预测模型	利用绿色基础设施图像，计算总绿化覆盖比例（%）、林下植被覆盖比例（%）和生物滞留池植被覆盖率比例（%）的"剂量反应曲线"
	混合	视觉模拟量表（VAS），可广泛应用于评估各种主观状态	从 10 张街景照片中随机挑选一张，比较不同绿化覆盖度的街景照片呈现测试前和测试后的压力水平
认知能力	注意力/工作记忆	Stroop 颜色测验、数字广度测验（DST）自我耗损测验、注意力维持任务测验（SART）	实验设计通过全景式虚拟现实技术展现了 6 组自然景观，这 6 组景观中包含或不含水景，并含有不同密度的乔木和灌木地被等景观要素。被试者随机观看这 6 组中的任意 1 组 VR 景观，并对比其在测试前和测试后的注意力情况

3.3.3　人因工程学

人因工程学也可称为工效学，该学科涉及领域广泛，如心理学、人体行为学、生理学等学科都是人因工程学的基础学科。人因工程学以人为研究主体，主要探讨人与机、人与环境之间的相互作用。该学科基于系统整体性原则，研究三者之间的关系，以构建一个高效、经济且协调的人-机-环境系统。通过优化其相互联系，人因工程学能够提升系统的整体效能，提高用户体验，并降低操作成本。

人居环境是反映人们文化生活与社会记忆的主要媒介，以往专门关于人居环境空间审美效果的研究成果相对较少，且大多以主观评判为主，但把主观评判和客体生理信息有机结合的研究成果却并不多见。所以，探索综合利用主客观信息有机结合的手段开展城市景观风貌评估工作，尤其要采用目前国内外都尚处在探索开发阶段的眼动跟踪方法和脑电分析技术。

城乡空间不仅是人类历史和集体记忆的重要载体，其视觉质量更直接反映了城乡风貌与环境品质。然而，随着现代城市化的加速，许多富有地域特色的城乡空间以及承载传统生活方式的场景逐渐消失，低质量的城乡景观不仅影响了人们对城乡环境的认知体验，也不利于归属感的形成。因此，如何运用先进技术手段对城乡景观风貌进行科学、精准的评价，从而更有效地指导城乡设计实践，提升城市空间的视觉质量和整体风貌，已成为当前研究的重要课题。尽管乡空间视觉质量的研究逐步推进，但现有研究仍以主观评价为主，而结合客观生理数据的综合研究较为有限。当前，如何运用主客观数据融合的方法进行城乡景观风貌评价，特别是借助眼动追踪技术和脑电分析技术，成为值得进一步探索的重要方向（图3-4）。

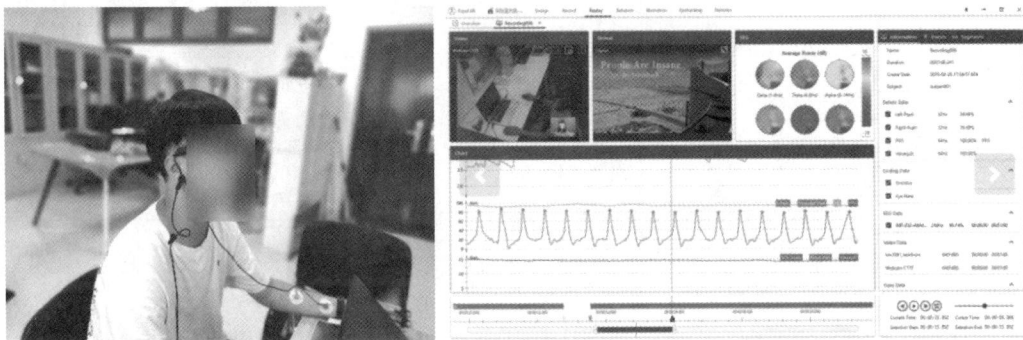

图 3-4 脑电生理实验

3.3.3.1 眼动跟踪技术

视觉是最发达且最重要的感觉，对外部世界的感知主要是通过眼睛来实现的。眼跳、注目和追逐等活动，是人类三个最重要的眼动形式。因此眼动分析对于阐明人类的认知加工心理方式具有十分重要的意义，正是由于它能够表现出人类视觉内容的选择方式。眼动持续时间、注意力的路径图、眼跳移动的平均速度和间隔（或称幅度）、瞳孔大小（面积或长度）和闪动持续时间等是通过眼动仪进行研究时使用的一些数据。所谓眼动研究信息技术是指进行心理学研究时，通过在眼动仪拍摄下的眼动观察轨迹上获得的若干眼动研究信息，包括注意位置、注意持续时间、回视持续时间、眼跳长度和瞳孔长度等，从而根据这些数据来研究人的再认知过程，揭示人们在观察景观时的视线轨迹、注视热点及关注模式（图3-5）。可穿戴式眼动仪不仅能够记录受试者的视觉关注点，还能结合时间维度分析视线停留时长、注视顺序等关键指标，以量化城乡景观对人类视觉感知的影响。通过专用软件对采集数据进行处理，可以进一步构建视线热图、兴趣区域分析等可视化结果，为城乡景观视觉质量的评价提供科学依据。

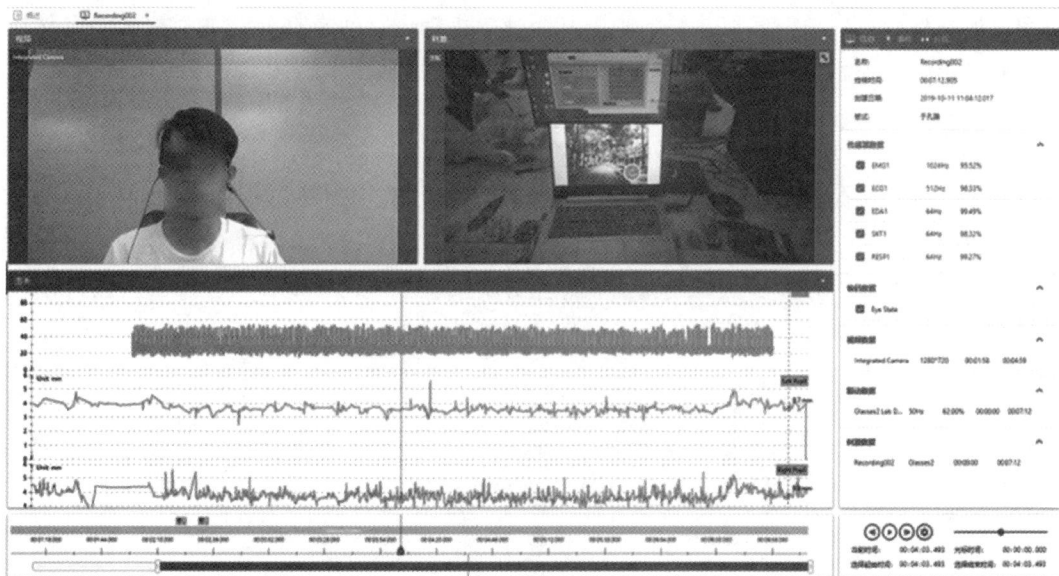

图 3-5　眼动生理实验

将主观评价方法与眼动追踪技术的客观数据相结合：首先，通过数据分析筛选出具有代表性的城市空间场景；接着，确定多维度的视觉质量评价指标，并为每个指标分配相应的权重，通过计算综合视觉质量得分对场景进行排序；最后，利用眼动追踪技术对不同类型的城市空间场景进行对比分析，检验主观评价与眼动数据指标之间的差异，从而实现对城市空间视觉质量的精确、科学评价。这种方法不仅提升了评估的客观性，还能更加全面地反映出人类视觉感知在不同城市环境中的实际体验。

（1）研究设计

① 科学假设。

a. 相比非红色文化景观，观赏红色文化景观时，公众对景观色彩、视觉开阔度等心理物理层面感知水平更高。

b. 融入红色文化后，公众在景观空间的视觉搜索过程，会产生显著视觉偏好变化。

c. 常见的几种红色文化景观载体，均能有效被公众所感知，但各要素间的感知情况存在主次差异性。

② 实验样本量确定。基于上述科学假设进行眼动实验设计，自变量为景观类型，每组类型分别选取主景要素：构筑物、服务设施、广场铺装、建筑物共四种因素进行重复测量实验。实验前采用 Gpower3.1 软件对实验进行样本量计算，根据实验设计，统计分析使用单因素重复测量的方差，达到中等效应量 0.25（$\alpha = 0.05$，power＝0.8），得有效被试量为 16。

景观评价相关研究表明，大学生具备较好的审美与旅游经历，因此被试选择风景园林、建筑学、环境艺术等专业的大学生。共招募被试 21 人，删除无效空白数据，眼动实验有效样本量 19 份，问卷量 21 份。

③ 问卷设计。研究问卷由基础信息部分和景观空间评价部分组成，采用李克特 5 级量表对景观整体视觉感知进行评价分析，参考大量文献中出现的景观评价指标，选取氛围感知、地域性、色彩、空间层次感、视野开阔度等指标进行问卷打分。每个指标形成陈述句，通过被试者评价分值变化衡量景观感知程度，等级划分依次为 2、1、0、-1、-2，分别代表"非常、还好、一般、并不、非常不" 5 种评价程度。

④ 实验流程。利用北京津发科技股份有限公司的 Tobii Pro Glasses 2 可穿戴式眼动仪采集被试注视、眼跳等数据，另备一块显示屏用于被试浏览景观图片。待眼动校准完毕后向被试讲述实验目的及流程，随后被试闭眼休息 3min 平复情绪，缓解实验前可能出现的紧张、激动等状态，以减少被试实验前状态差异对实验数据的影响。实验第二阶段眼动仪开始实时追踪眼动数据，直至播放完毕，实验共耗时约 15min（图 3-6）。

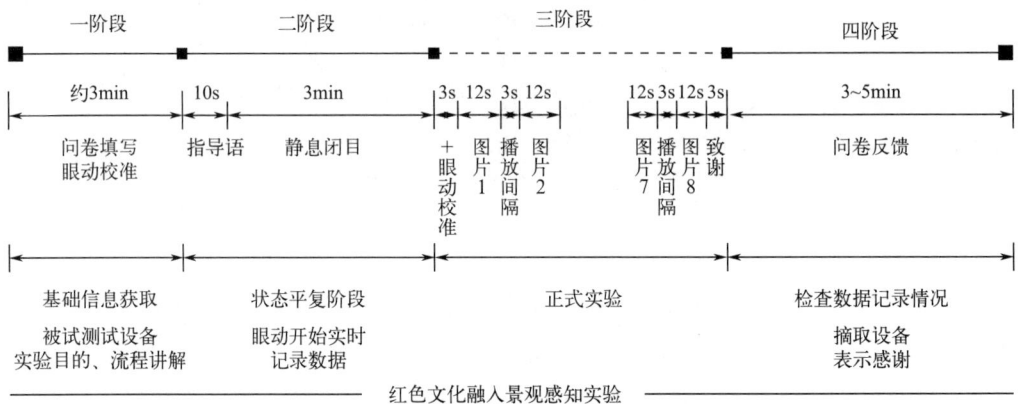

图 3-6　眼动实验流程

为探究被试对景观图片信息识别、搜索过程是否存在差异性，实验综合使用以下眼动指标（表 3-6）：选用瞳孔直径指标、眨眼次数表征被试的认知负荷、情绪唤醒等心理活动情况，以此探讨被试浏览景观图片后是否产生明显生理情绪变化；眼跳次数用于衡量被试搜索图片的视觉信息效率差异，若平均眼跳次数增多则表示搜索量增大；兴趣区（areas of interest，AOI）各类指标针对景观红色文化载体研究使用，利用首次注视时间与首次注视持续时间确定被试对 AOI 兴趣区的第一印象；通过分析 AOI 注视持续时间占比，得出被试在该区域（景观要素）上注视分配的时间值，越感兴趣或是认知负荷越大，则占比数值越高；各要素间 AOI 注视次数占比指标横向比较，注视次数占比越多，表明该兴趣区对观察者来说更为重要或认知难度更大。

表 3-6　测量视觉感知的眼动实验指标

眼动指标	基本含义
平均瞳孔直径变化值（mm）	刺激片段内平均瞳孔直径与静息状态时平均瞳孔直径的差值
平均眨眼次数（N/s）	片段内每秒发生的眨眼次数（N）

续表

眼动指标	基本含义
平均眼跳次数（N/s）	片段注视之中眼球运动每秒发生的眼跳次数（N）
AOI 首次注视时间（s）	从刺激显示开始到被试第一次注视 AOI 的时间（s）
AOI 首次注视序列号	首次注册 AOI 的序列号
AOI 首次注视持续时间（s）	第一次注视 AOI 的持续时间
AOI 注视持续时间占比（%）	注视 AOI 的持续时间占总时间的比例（%）
AOI 注视次数占比（%）	被试在 AOI 内注视点的数量占整个区域注视数量的比例（%）

（2）红色文化的景观要素识别与评价

针对眼动实验热力图（图 3-7）展开分析，结果显示被试注视点主要集中在景观构筑物的亭联、文字区域，表明文字类要素识别增加了被试搜索信息时间；景观服务设施的视觉偏好均集中于视觉水平线方向的中心区域、画面中消失点，但游客在红色景观组注视更为集中，表明红色文化载体的关注度明显比非文化类景观高；在广场景观中，发现被试视觉偏好于远景区域，对铺装要素并无过多关注；在建筑景观中，相较对照组，红色建筑的视觉注视区域更为集中。

图 3-7　眼动实验热力图

对注视区域划分 AOI 兴趣区，分析被试观赏"刺激"材料时的注视、眼跳等数据。针对四类要素的首次注视序列均值对比发现，构筑物、服务设施、建筑物三类要素中，被试在红色文化组要素首次注视序列值均小于对照组（构筑物为 1.42/1.21、服务设施为 7.88/3.52、建筑为 2.00/1.21），仅有广场要素中对照组注视序列低于红色文化类（4.75/8.05）。结合广场热力图分析，原因在于广场要素中铺装占主要空间，但红军广场景区中广场设计将红色文化多融入标牌、雕塑、小品等，较少从广场铺装等入手，导致广场本身缺少供被试注视的吸引要素。

　　基于 SPSS 软件对各景观要素对照组进行 ANOVA 法分析（表 3-7），广场铺装和建筑刺激样本对于首次注视时间呈现出显著性差异，发现相较构筑物和服务设施类，建筑融入红色文化主题，会有效提高游客的关注度，视觉信息更容易被获得；服务设施和建筑对首次注视持续时间（s）呈现出显著性差异，首次注视持续时间表征 AOI 信息首次视觉加工过程，通过具体对比差异，对照组的平均值均低于红色景观组的平均值，说明服务设施与建筑在赋予红色文化后，注视时间增长。横向对比红色景观组内各要素首次注视时间与首次注视持续时间，结果显示建筑的首次注视时间最短，眼动注视时间最长。四类景观要素中建筑最能优先引起游客注意，其次为构筑物、服务设施，而对于广场铺装，人们视觉首次感知的效力最低。服务设施与建筑作为红色文化载体后，游客注视过程分配的时间值显著增加，表明服务设施与建筑作为红色文化载体能够有效被游客识别感知，引起视觉兴趣。

表 3-7　AOI 眼动数据方差分析结果

项目		刺激类型（平均值±标准差）		F	p
		1.0：对照组景观 ($n=19$)	2.0：红色文化景观 ($n=19$)		
首次注视时间/s	构筑物	0.20±0.40	0.11±0.23	0.79	0.38
	服务设施	2.71±2.36	1.22±2.07	4.102	0.051
	广场铺装	1.44±1.67	3.19±2.31	6.415	0.016*
	建筑	0.46±0.41	0.10±0.24	10.380	0.003**
首次注视持续时间/s	构筑物	0.50±0.65	0.30±0.20	1.559	0.22
	服务设施	0.20±0.13	0.47±0.51	4.719	0.037*
	广场铺装	0.28±0.23	0.28±0.20	0.002	0.961
	建筑	0.27±0.19	0.54±0.38	7.577	0.009**
注视持续时间占比/%	构筑物	59.72±14.10	50.52±17.90	3.101	0.087
	服务设施	3.98±3.19	27.12±11.87	67.337	0.000**
	广场铺装	16.97±19.57	25.34±20.45	1.66	0.206
	建筑	33.91±18.26	57.56±23.55	11.965	0.001**
注视次数占比（%）	构筑物	61.11±14.65	54.87±17.28	1.44	0.238
	服务设施	7.54±4.39	32.05±10.92	82.399	0.000**
	广场铺装	21.47±22.47	31.98±21.37	2.182	0.148
	建筑	40.81±15.58	62.13±17.74	15.495	0.000**

　　注：** 表示 $p<0.01$ 差异性极显著；* 表示 $p<0.05$ 差异性显著。

　　根据 AOI 的视觉感知评价结果，景观要素的视觉感知情况在不同场景维度下表现出不同特性，人们感知各要素水平也表现出差异性。在红军广场景区内的 AOI 文化载体中，以首次注视时间与首次注视持续时间为分析依据，游客对各要素有效感知水平综合考虑从高到低为建筑、构筑物、服务设施、广场铺装。其中广场铺装感知水平呈现负向变化，这是由于所选的红色文化广场（双拥广场）中，铺装要素相较空间内其他要素设计感不足，人们对广场内的雕塑、小品等要素的兴趣高于铺装，视线首次注视到铺装之后并不会停留。分析服务设施与建筑的注视时间占比、注视次数占比等数据表明，服务设施和建筑更易在浏览过程中引起游览的持续注意力，因此游客对服务设施与建筑要素的感知满意度，对其综合评价该景观空间质量具有重要影响力。因此提出建议，景区设计中若需让游客短时间内（如步行过程中）感知红色文化氛围，红色文化应用的重心可从建筑、构筑物两类要素合理考虑；若期望在游客休憩停留的各空间场景内，公众能够有效对景观中红色文化有所感知，红色文化的应用可主要从建筑、服务设施等要素入手考虑。

3.3.3.2　脑电分析技术

无论有无外界刺激，有生命力的脑细胞都会发生有规律的自发电反应。当神经元排列一致发生协同电反应时，即会出现有规律的电位变化，产生频率范围相同、起伏周期一样且重复出现的脑电波，称为脑电节律。Hans Berger 分析研究大量脑电信号后命名了 α 节律与 β 节律，常见的生活态脑电波集中在 $1\sim30\mathrm{Hz}$，根据频率高低分为四个波段，即 δ 波、θ 波、α 波和 β 波。

δ 波（delta）属于慢波，在人类处在婴孩阶段时常占据主导，成年人一般处于睡眠状态时出现，偶尔人体罹患疾病也容易出现大量 δ 波，出现频率极少；θ 波（theta）属于慢波，通常在人体感到困倦时出现，出现频率较少；α 波（alpha）是人脑常见节律，通常出现在大脑清醒且放松的状态；β 波（beta）属于快波，通常在个体处于紧张或亢奋状态时出现，一般被认为是大脑兴奋时出现的波形，睁眼时可检测 β 波段较密集；γ 波（gamma）在人体进行创造性思考时，脑内从未联系过的神经元发生连接形成新的回路时会出现，罹患癫痫等疾病时也有可能产生 γ 波。

静坐（站）状态获取脑电数据研究实验被称为静息态实验，对四种节律能量变化的分析是较为常用的脑电研究方式，无论是情绪变化、舒适度、疲劳性以及注意力问题都可以通过对不同节律的研究得到结论。对于已经获取的原始脑电信号数据，在定位、滤波等预处理后可以将其量化分析，目前常用的脑电节律分析方法有以下几种。

① 时域分析法。时域分析法是生活中最直观感受的一种域，可以用于描述一个函数或信号对应时间的关系，例如常见的心电图及声波图大多应用时域分析图。直接提取时域特征也是最早出现的脑电波分析办法，以脑电图的时域波形为基础，将神经电刺激波幅设为纵轴，将刺激时间设为横轴，以几何形态量化脑电发生过程，可以得到直观的 EEG（脑电波）数据。时域分析法简洁明了且被广泛运用，但脑电信号信息复杂，同时波形变化较为多样，从科研的角度看时域分析法较为初级。

② 频域分析法。法国数学家 Fourier 于 1807 年提出了傅里叶变换，完成了从时域到频域的转换，通过将函数（信号）表达为基本波形的叠加从而更直观地解决问题。频域就是描述频率所用到的空间或者坐标系，通俗来说时域分析就是观察一件事物随时间的变化规律，频域分析可以观察一件事物在不同频率上的分布情况。频域分析的主要办法是功率谱分析，使用快速傅里叶变换（fast Fourier transform，FFT），将原始时域脑电图信号

（横轴时间、纵轴电压值）转换至频域（横轴频率、纵轴功率），可计算每个频率点的活动强度（进而得到每个频段的强度）。1932 年 Dieth 首先利用傅里叶变换（FFT）算法来处理脑电信号。直观性频域分析法逐渐成为分析脑电的主流办法，利用频域算法得出的功率谱参数可以直观地表现出脑电信号的变化，不同频率的脑电信号可以提取其特征为 α、β、δ、θ 等典型节律。

③ 时频域分析法。时频域分析法是将时间和频率联合到一张表上，对时域和频域进行统一表达。傅里叶变换只能用于分析平稳信号，不能用于分析非平稳时变信号。而利用时频分析法可以直观有效得到脑电信号在不同时间的功率谱密度，同时可以分析非稳定信号。现今被认可的时频分析法主要分为线性变换和非线性变换两种形式。频域只能得到一个频域上数据的形式，而时域分析可以分析出某时刻数据具体所在某段频率。目前常用的时频域分析方法有希尔伯特变换（HHT）、小波变换（WT）、经验模式分解（EMD）、快速傅里叶变换（STFT）等。

④ 生理传感器。旨在为科学研究提供高精度、多维度数据同步采集。心电传感器结合心率变异率分析技术，可以较好地拟合人的交感副神经兴奋程度。传感器采用无线技术，可同步采集实验过程中的生理数据、生物力学数据及环境数据，能满足实验室、现场研究和虚拟仿真等环境下的多样需求，此技术为人为评价体系提供了更加客观、科学的方法。

基于脑电实验的虚拟现实环境全景绿视率对人体愉悦度的影响研究如下（图 3-8）。

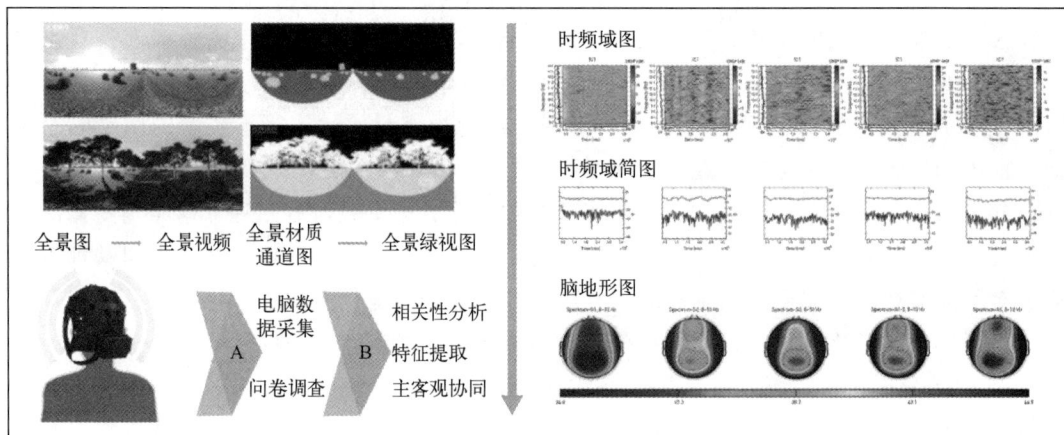

图 3-8　脑电生理实验（一）

（1）研究方法

① 实验人员及条件设置。实验邀请被试男性若干位、女性若干位，均为右利手且无精神疾病史。实验地点为安徽建筑大学环境行为研究专业实验室，可确保被试个体处在恒定的温度（15℃）、相对湿度（50％）及声环境（20dB）下。脑电数据采集前 48h 内，被试禁止摄入酒精等可能具有刺激作用的食物。

② VR 全景环境获取。实验采用 VR 技术为被试提供不同绿视率环境的观看体验。室内环境下的 VR 场景可规避真实场景中光、风、噪声等因素对脑电信号采集的干扰。适用

于 VR 系统的全景图以全景视频的形式展现，可准确测算全景绿视率。实验采用仿真建模技术，构建了四种不同绿视率的虚拟全景远景。首先利用 Mars 等软件构建并渲染模型，然后采用软件自带程序精确控制道路、建筑、植物等元素，构建出典型的城市绿地环境。由提取的绿色色块像素量与全景图总像素量之比得出全景绿视率，该模型可将绿视率误差控制在 1% 以内（图 3-9）。

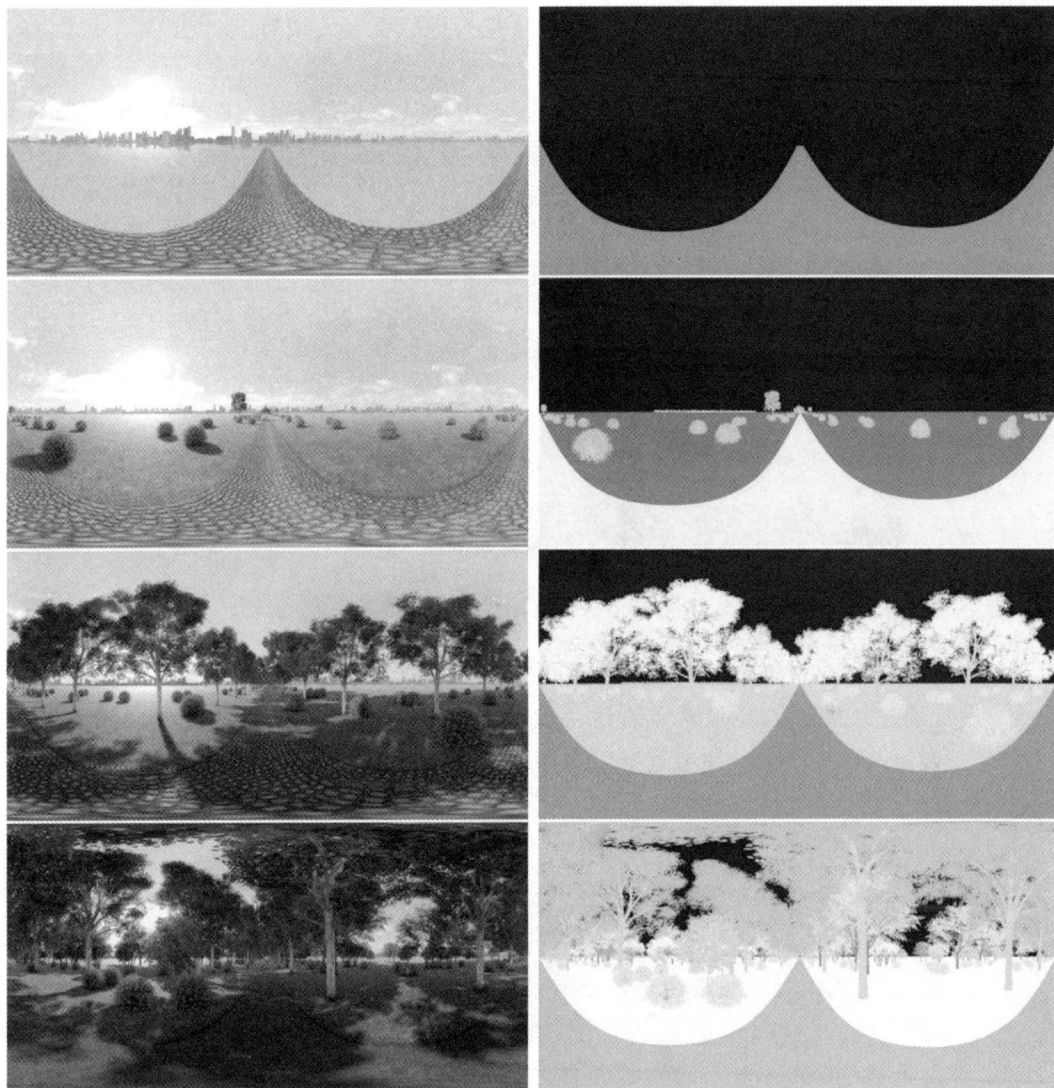

图 3-9　脑电生理实验（二）

③ 脑电数据指标监测。脑电节律是频率范围、变化周期相同以及重复出现的脑电波。一般情况下，脑电波频率集中在 1～30Hz，并可根据频率高低分为四个波段：δ 波、θ 波、α 波和 β 波。其中 α 波频率为 8～13Hz，通常在大脑清醒且放松的状态下出现，而其他波段则常在睡眠、疲惫、紧张亢奋时出现。研究表明，积极评价与大脑 α 波激活相关。用相关脑电节律来评价愉悦等积极情绪，功率谱密度变化研究微气候因子舒适性。采用脑电节

律 α 波作为客观脑电愉悦度指标。国内外已有较多研究利用，另有关于利用个体 α 波的研究。参考上述既有研究，本实验脑电仪采用无线 EEG 电极帽（EMOTIV EPOC Flex 32 通道），采样频率为 128Hz。脑电电极定位采用国际标准 10-20 系统，电极数为 7 个。其中，采样电极为 Fp1 和 Fp2（额叶）、Cz（顶叶）、P3 和 P4（枕叶），参考电极为 A1 和 A2（双侧耳垂）。佩戴脑电仪后，涂抹脑电膏，将阻抗降低至 1kΩ 以下时开始记录脑电数据。实验开始前，被试佩戴 VR 头盔，之后需闭目 2min 平静情绪（图 3-10）。再依次观看 S1、S2、S3、S4、S1-2 预览视频。之后闭目休息、摘取头盔、填写调查问卷，以减少连续观看时视觉疲劳对脑电数据的影响。

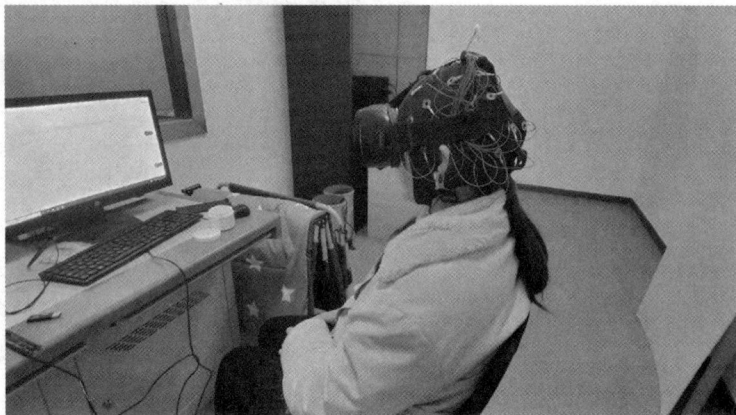

图 3-10　脑电生理实验（三）

④ 问卷调查。主观评价主要通过问卷形式，收集被试的基本信息（性别、年龄、专业、家庭背景等）及其对虚拟环境的愉悦度评价。后者采用李克特量表评分法（1～5 分），要求被试对每个全景绿视率预景中的愉悦度进行评价。方差分析结果显示显著性为 0.698（$p > 0.05$），表明方差齐性。

（2）数据处理与分析

① 脑电数据处理。利用 MATLAB 软件及其插件 EEGLAB 对 90 份原始脑电数据进行分析处理。

a. 通过 EEGLAB 按顺序进行电极定位、高低通滤波、工频滤波、ICA 后手动去伪迹、分段卡阈值等步骤，完成脑电数据预处理。

b. 将预处理后的数据导入 EEGLAB 的 Study 模块，通过快速傅里叶变换（FFT）算法将时域数据转化为频域数据，并绘制 S1、S2、S3、S4 和 S1-2 预景下脑电节律平均频域图。频域分析能够呈现事物在不同频率上的分布情况，利用其算法得出的功率谱参数可直观表现脑电信号的变化。

利用 Study 模块将功率谱密度值对 10 求取对数数据，在 MATLAB 中以数字形式提取该数据并将其定义为脑电 α 值（即脑电愉悦度值），取值范围为 0～100。为检验样本量为 18 的数据是否可信，对原始脑电数据进行信度分析。使用克隆巴赫系数（简称 α 系数）测量。α 系数值为 0.868，表明脑电数据信度较高。为了消除脑电 α 值指标与主观评价指标之间的量纲影响，研究需要进行数据归一化处理。本书采用线性函数归一化脑电数据和主观评价数据，将原始数据转换为［0，1］范围内的数值。归一化公式为

$$x_{\text{norm}} = \frac{x - x_{\min}}{x_{\max} - x_{\min}}$$

式中，x_{norm} 为归一化后的数据；x 为原始数据；$x_{\max}$、$x_{\min}$ 分别为原始数据集的最大值和最小值。

② 多组脑电与主观数据分析。因为采集电极分属不同脑域，所以不同电极之间采集的脑电节律存在微小差异。为消除上述差异，实验取电极数据平均值作为 α 波能量数值。通过 EEGLAB 的 Study 模块绘制的综合电极平均频域图可清晰地呈现综合频率的变化。采用 SPSS 24.0 分析 90 组脑电节律愉悦度数据（α 值）和 18 组主观愉悦度（主观评价）数据。最后对不同情景下脑电节律和主观愉悦度的归一化结果进行独立 t 检验与皮尔逊相关性检验。

（3）结果与分析

① 不同全景绿视率预景下的脑电愉悦度。由分析结果可知，脑电愉悦度（归一化数值）由高到低的预景依次为 S3、S2、S4、S1-2 和 S1，这表明全景绿视率的逐渐提高带动了被试脑电 α 值的有效提升，但过高的全景绿视率导致了脑电 α 值的下降。同时，S1 与 S3 之间存在显著差异（$p < 0.01$）；S1 与 S2、S3 与 S1-2 之间存在差异（$p < 0.05$）；其他预测之间并未发现显著差异。

② 不同全景绿视率预景下的主观愉悦度。由分析结果可知，主观愉悦度由高到低的预景依次为 S3、S2、S4、S1-2、S1。S1 与 S2、S3、S4 存在极显著差异（$p < 0.001$），与 S1-2 存在显著差异（$p < 0.01$）。这表明被试在 S1 预景下与其他预景下的观感体验差异明显。

③ 不同全景绿视率预景下脑电和主观愉悦度的比较分析。本研究中的脑电愉悦度和主观愉悦度实验结果均表明，被试的愉悦度在 S1 预景中最低，在 S3 预景中最高。脑电愉悦度与主观愉悦度显著正相关（$p < 0.01$），表明生理指标与被试的主观评价结果一致。在 S1 预景下，被试的脑电节律能量值最低；脑电 α 值归一化结果低于 0.3；同时主观评价结果显示，被试表现出疲惫等情绪。

在 S2 预景下，被试的主观愉悦度（$p < 0.001$）与脑电愉悦度（$p < 0.05$）显著提升。这表明即使是绿色植被量较少的环境也可能明显增加观者的愉悦感。

S3 预景下被试脑电愉悦度最高。S1、S2 及 S3 的相关结果表明，愉悦度与绿视率变化呈正相关。被试在绿色植被绿量适宜的 S3 预景下情绪稳定，郁郁葱葱的自然环境带来了放松与舒适感，被试在植被环绕的环境中几乎未出现视觉疲劳，短时间内个体愉悦度水平明显提升。

在植被量大、密不透光的 S4 预景中，被试表达受到了明显的压抑感；随着观看时间的增加，被试压抑感增加，个别被试甚至自报告出现恐惧感，表明 90% 的全景绿视率带来明显的不适情绪。最终反映为脑电与主观愉悦度的下降，且显著低于 S2 和 S3 预景。实验室静谧的环境也可能增加人体的紧张情绪（SPL < 20dB），进而导致不安全感等不适情绪的出现。

④ 环境交替变化对人体愉悦度的影响。S1-2 与 S1 预景的绿视率均为 0，但前者主观愉悦度显著高于后者（$p < 0.01$）。对于脑电愉悦度，两者差异虽不显著，但前者仍高于后者，趋势与主观愉悦度一致。这可能与全景绿视率变化顺序有关：在 S1 预景中，被试尚未体验模拟场景及变化；在 S1-2 预景中，当从 S4 的高全景绿视率转为开敞、明亮的低全景绿视率时，可能有助于缓解紧张、恐惧情绪。

上述结果表明，过高与过低的全景绿视率均可能不利于个体愉悦度的提升，但高低全景绿视率的转变则可有效增加个体愉悦度。因此，相较于单一的绿化场景，有规律地提高全景绿视率、营造富于变化的环境，能够有效提高个体愉悦度。

⑤ 时频域分析。时频域分析法是将时间和频率联合至同一张表中，这种方式可以直观展现不同时间脑电信号的功率谱密度，并分析非稳定信号。将预处理（剔除 $10 \sim 30s$ 的佩戴适应坏段数据）后的时域脑电数据经 EEGLAB 插件处理，以时频域图的形式呈现：横坐标为时间，纵坐标为频率，热度颜色表示脑电 α 值强度（事件相关频谱扰动，ER-SP），颜色越接近深蓝表示 α 值越低，越接近棕红表示 α 值越高。实验用全景视频由全景图边界剪接而成，播放时被试保持坐姿以保证脑电数据采集准确。由 S1 预景下的时频域图可见，前 50s 内，被试因好奇、期待等因素愉悦度较高（α 值总体呈现黄色热度）；在最初的兴奋状态过后，时频域图呈现均匀分布态，表明该环境下 α 值较为稳定；当实验进行到中段 $160 \sim 200s$ 时，被试视线集中至道路铺装画面，此时 α 值明显下降，表明 VR 场景中硬质基础设施的出现会降低个体愉悦度。被试休息后依次进入 S2、S3、S4 和 S1-2 预景。因对实验有了初步了解，所以由时频域图可见，实验前数十秒被试未产生强烈情绪波动。因 S2 预景中植被量有所增加，α 波时频域图呈现明显分段。相较于有乔木的视线区域，灌木及硬质铺装处 α 值较低。在 S3 预景中，被试整体愉悦度较高。其中，视线位于两块主要绿地时 α 值普遍提升（呈现黄色）；视线位于铺装区段时 α 值下降（呈现蓝色）。在 S4 预景中，由于全景绿视率过高且缺乏变化，有密林压抑感，导致其时频域图与 S1 预景相似，较为均匀单一。此后，当被试再次处于全景绿视率为 0 的 S1-2 预景时，愉悦感明显提升：前 30s 时，其 α 值的频域呈现棕红色热度，表明此时被试 α 值较高，其后表现出与 S1 和 S4 预景类似的时频域特征。表明由密林视野转变为开阔视野后，被试愉悦度会在短时间内快速提升。

⑥ 脑地形图分析。在 S1 预景下，被试的 Fp1 和 Fp2（额叶）、Cz（顶叶）、P3 和 P4（枕叶）电极总体呈现低 α 值状态（以深蓝色区域为主）。随着全景绿视率的增加，脑地形图的主要变化规律如下。

a. 在全景绿视率由 $0 \sim 60\%$ 的转变过程中，随着被试愉悦度增高，脑地形图的颜色由深蓝转为棕黄；而经历 $60\% \sim 90\%$ 的绿视率变化后，α 值明显降低。

b. 被试在体验不同的全景绿视率预景时，主导精神功能的额叶与主导视觉功能的枕叶部位 α 值变化明显，主导体感功能的顶叶 α 值变化较不明显。这表明不同全景透视率的环境引发的脑部变化区域基本一致，额部与枕部受刺激较明显。

3.3.4 大数据技术

大数据技术是一种信息技术集合，其在数据收集、存储、管理和分析等各个环节上的能力远超传统数据库软件工具。这种技术能够处理和分析海量、多样化的数据，通常涉及高速度、高容量和高复杂度的数据流，并利用先进的算法和计算能力从中提取有价值的信息，从而支持更精确的决策和创新应用。在 AI（人工智能）、自主审批等现代信息技术的支持下，通过快速精确提取目标数据中的有效信息、片断，可以实施定向数据处理。大数据分析信息复杂且丰富，依托多源大数据分析进行设计信息的集成，在景观评价设计方面有着良好的发展前景。通过收集的景观评估方面的移动信息、定位导航、社会化媒体、场景体验、数值模拟和场景照片大数据分析来反映人类空间行为模式、发现区域自然人文资源特征、建立人和场地互动关系，大数据技术能够深入挖掘和识别区域特点，并提供环境景观评估服务。例如，公共移动应用中的签到数据，通过收集位置信息和活动轨迹，可以有效反映空间热点及用户的使用偏好。这些数据不仅揭示了人们在特定区域内的活动模式，还可以帮助研究者分析不同空间的使用频率和用户行为，从而为环境规划和景观设计提供科学依据。或者根据网络照片数据，通过定量分析综合认知场地景观意向。大数据技术为乡村景观研究与规划设计提供了全新的方法与手段，并有着进一步发掘的前景与巨大的可创性。在信息收集领域，大数据分析能够对人居环境进行多层次、多方面的自然资源和人文资料的信息收集，有效地发掘当地文化特点；在数据分析研究领域，大数据分析与GIS 技术以及人工智能技术相结合，可以对海量数据实现更为快捷精确的运算分析，得出的研究结论更为真实可靠；在公共活动领域，大数据改变了信息获取途径，通过互联网社会化平台，可以更为直接精准地收集用户的需求，同时利用大数据量化分析用户的出行喜好、生活行为习惯以及场地使用行为等数据，进一步发掘公共需求，进行广泛且深度的公共活动。

第4章
统筹城乡景观风貌的发展规划

4.1
城乡生态系统的协调发展

4.1.1　自然资源与可持续的合理利用

　　自然资源与可持续利用是城乡景观风貌规划的核心主题，涵盖水资源、土地资源、生物多样性等多方面的管理和使用。通过科学规划和政策支持，可以高效利用自然资源并保护生态环境，进而推动城乡绿色发展。水资源管理需采取集水系统、雨水收集、节水灌溉等措施，保障居民用水、提升水资源利用效率，并减少污染。土地资源则应实现集约利用，通过生态补偿和绿色基础设施修复荒废地及被破坏的自然区域，提升土地利用率。生物多样性保护方面，可以建立生态廊道，保护自然栖息地，引入本地植物以维护生物多样性，这不仅可以丰富生态系统，还能为居民提供生态教育。清洁能源的推广也对城乡发展至关重要，太阳能、风能和生物质能的使用，既减少碳排放，也符合绿色发展理念。农业资源的优化管理可以通过生态农业和循环农业模式，减轻污染负担，推动良性循环。营造清洁环保的生活环境。此外，自然资源提供的空气净化、水源涵养等生态服务功能，可通过建设生态绿地和湿地保护区等措施得以延续。为实现资源的可持续利用，需要结合城市现代管理技术和乡村自然资源优势，构建多层次资源管理网络，并通过政策法规保障资源管理的公平与高效。公众参与和教育宣传也不可忽视，加强公众对资源可持续利用的认识，引导其自觉参与资源保护。自然资源的可持续利用离不开政策支持和科学管理，利用大数据和GIS技术进行动态监测和评估，能够提高资源管理的科学性。通过这些措施的结合，自然资源的可持续利用不仅促进了城乡景观风貌的保护与发展，也为城乡居民提供高质量的生活环境，为城乡一体化和生态和谐发展奠定了坚实基础。

4.1.2　生态保护优先与生态红线管理

生态保护优先与生态红线管理是确保生态安全、实现可持续发展的重要基础。生态保护优先意味着在城乡规划和经济发展中将生态系统的健康与稳定作为首要目标，优先保障关键生态功能区域的完整性和连通性，避免破坏生态资源。生态红线管理作为一种约束性强的生态保护手段，通过科学划定具有关键生态功能、环境敏感度高的区域，明确这些区域不可触碰的底线，确保生态系统的服务功能不被削弱。在实践中，生态红线管理覆盖了水源保护、重要湿地、自然保护区等领域，为水土保持、生物多样性保护以及气候调节等提供支撑。将生态红线管理纳入城乡统筹规划，通过科技手段监测和评估红线区的生态变化，强化监管的同时，促进资源的合理配置，有助于实现人与自然的和谐共存。严格的生态红线制度不仅有效遏制了过度开发和污染，还推动了绿色发展理念的落实，为城乡建设提供了绿色空间和安全生态屏障，保障了生态系统的可持续性。通过生态保护优先与生态红线管理的落实，可以在确保生态安全的同时，为未来的经济社会发展奠定长远的生态基石。

生态保护优先的原则和意义在于将生态系统的健康与稳定置于首位，避免无序开发带来的环境破坏。优先保护生态，意味着在土地开发、资源利用等方面优先考虑生态系统的承载力，确保生物多样性不受威胁，水源、森林等关键生态资源得到有效维护。

生态红线管理的关键作用在于划定严格保护的生态区域，以法律和政策手段避免重要生态功能区遭受人为破坏。生态红线管理规定了生态保护的底线和高压线，将水源涵养区、生物多样性保护区等列为禁止开发的"红区"。通过这种强制性限制措施，生态红线管理可以有效防止无序开发，保障区域生态系统的可持续性。它还为各级政府和部门的生态保护工作提供了明确的边界和标准，使得生态管理更加科学和具备可操作性。

生态保护优先与生态红线管理的协同作用构成了生态保护体系的重要支柱。生态红线管理的执行，确保了生态保护优先的原则能够落到实处，通过为开发活动设限，减少生态破坏的可能性。而生态保护优先的指导思想，则为生态红线管理提供了价值支撑。在两者共同作用下，不仅能有效提升环境质量、维护生态安全，还能在未来为社会带来更加清洁、健康的生活环境。这种管理模式既保护了现有自然资源，也为未来的生态可持续性提供了保障。

4.1.3　生态系统服务与社会经济发展

生态系统服务与经济发展在城乡规划中有着关键的协同作用，关系到资源的可持续利用和生态环境的长久保护。生态系统服务涵盖了清洁水源、空气净化、土壤肥力保持、气候调节等基本功能。这些功能为城乡居民的生活质量、农业发展和生物多样性保护提供了基础支持。与此同时，生态系统服务也在旅游、农业、林业等多个产业中扮演重要角色，通过提供景观资源、土壤养分和原材料等资源，推动区域经济的活跃发展。然而，随着工业化和城市化进程加快，城乡区域的生态系统常受到过度开发、资源消耗和污染排放的影响，导致生态功能下降，威胁到经济发展和资源的可持续利用。

在规划实施中，合理平衡生态系统服务与经济发展的关系尤为重要。通过科学的生态管理手段可以实现这种平衡，比如设立生态保护区和绿色基础设施、推广环保技术和生态友好型产业导向、实施严格的资源消耗管控等，都有助于在经济发展中保留必要的生态系统服务。此外，生态系统服务能够通过提供诸如生态旅游、循环农业和生态修复等新兴经济模式来支持经济增长。这种基于生态系统的经济活动具有较高的资源利用效率和环境友好特性，有利于实现更具持续性的经济发展。城乡规划中的绿色空间设计、河流生态廊道、湿地保护等措施也可以有效缓解资源压力，确保生态系统在提供服务的同时维持其自我修复的能力。

未来要进一步推动生态系统服务与经济发展协同作用，政策支持和多部门合作至关重要。政策可以通过财政激励、产业扶持和立法保护等手段，引导企业和社区参与生态保护，激励其采取更具可持续性的生产和消费方式。与此同时，经济发展还应注重引入先进的生态系统评估技术，定期监测生态服务的供需状况，从而根据实际情况动态调整开发策略。只有在政策、科技、管理手段等多方面形成合力，才能真正实现生态保护与经济增长的双赢发展，为城乡区域的可持续未来奠定坚实的基础。

4.1.4 气候变化与城乡生态系统响应

气候变化对城乡生态系统的影响逐渐显现，其带来的温度上升、降水模式改变、极端天气事件频发等问题对城乡区域的生态稳定性构成了多方面挑战。首先，气候变化引发的温度上升导致生物物种的栖息地变化，一些适应较低温度的植物和动物可能逐步迁移或消失，从而影响当地生物多样性，甚至导致生态链失衡。其次，气候变化带来的干旱、降雨不规律等现象影响着水资源的可获得性，威胁城乡居民用水安全及农业生产的稳定性。干旱和极端降雨还加剧了土壤流失和退化的问题，对城乡绿地和农业用地的生态功能构成直接威胁。

极端天气事件频率的增加，如暴雨、洪水、台风等，使城乡区域的生态系统面临更高的风险。农村地区可能因农业损失、土地受灾等经济损害而影响生产力，而城市则可能出现基础设施受损和交通阻断等问题。特别是在暴雨和洪水频发的区域，城乡水土流失和生态环境退化的风险增大，土地的生态承载能力逐渐下降，对人居环境构成直接威胁。同时，极端高温事件的频发也会导致植被萎缩、城市热岛效应加剧，进一步加剧气候变化对城乡生态系统的负面影响。

为了应对气候变化带来的影响，城乡生态系统需要结合实际情况进行多层面的适应性规划和管理。在城乡规划中优先考虑自然缓冲区、生态廊道和湿地恢复等措施，以增强城乡区域对气候变化的缓冲能力；加强防灾减灾基础设施的建设，提升城乡地区对极端天气事件的应对能力；政府、企业与社区的多方合作也至关重要，通过推广绿色建筑、可持续农业和低碳技术等，减少人为因素对气候变化的助推效果。通过系统化的适应性管理措施，可以降低气候变化对城乡生态系统的负面影响，实现城乡可持续发展的长期目标。

4.2
公众参与社会治理的推进

4.2.1　公众参与方式和意义

公众参与方式多种多样，具体可以根据城乡规划的需求和项目的类型进行设计。常见的方式包括公众咨询、问卷调查、座谈会、意见征集以及公众听证会等。这些方式能够让不同群体在规划过程中表达意见。随着数字化工具的发展，线上平台、社交媒体和互动地图等新兴参与方式也逐渐普及，使得更多人能够便捷地获取规划信息并提出反馈意见。多样化的参与方式不仅能够扩大公众的参与面，还能针对不同群体的需求，使得城乡规划更具包容性和代表性。

公众参与在城乡规划中具有重要的实际意义。公众是城乡发展的直接受益者或受影响者，他们的意见能够帮助规划更好地贴合实际需求。通过公众参与，可以收集到广泛的需求信息，了解各类人群对生态环境、基础设施和公共服务的具体期待，帮助决策者更准确地把握规划方向。公众的参与有助于推动政府在规划过程中的透明度，增加规划实施的公信力。透明的参与过程可以促进公众对规划过程的理解，减少规划实施过程中的争议与阻力。公众参与对于城乡规划的长期效果和可持续发展至关重要。有效的公众参与可以提升社区居民的归属感和责任意识，使得他们在日后更愿意参与维护与管理当地的生态环境和公共设施。特别是在实施具有长期性或环境保护性质的规划时，公众的支持和合作尤为重要。通过在规划过程中培养公众的生态保护意识，可以推动形成更具可持续性的发展模式，实现城乡生态系统的和谐共存。这种良性互动不仅能提升规划的执行效果，还能促进城乡社区的共同成长与繁荣。

4.2.2　公众参与工具和技术

公众参与工具和技术在城乡规划中发挥着重要作用，为不同群体提供了表达意见、参与决策的渠道。传统的公众参与工具主要包括问卷调查、意见箱、电话咨询等方式，这些方式能够有效收集公众的需求和建议。然而，传统工具往往受限于时间、空间和受众规模，无法全面覆盖城乡居民的多样化需求。尽管如此，在小规模项目或特定区域的规划中，传统工具仍然具备较高的实用性，能够为规划者提供直接的反馈信息。

随着科技的进步，许多数字化工具被广泛应用于城乡规划的公众参与中。在线调查平台、互动地图、虚拟现实（VR）和增强现实（AR）等技术为公众参与带来了更多的可能性。特别是在线调查和互动地图能够大幅提高公众参与的效率和覆盖面，方便城乡居民通过网络渠道了解规划进展并发表意见。此外，虚拟现实和增强现实技术可以通过沉浸式的互动方式，让公众更加直观地体验规划效果，增强了参与的真实感和互动性。这些数字化工具不仅简化了参与过程，还能够帮助规划者及时整理和分析大量反馈数据，提高了规划的科学性和合理性。

在实际应用中，公众参与的工具和技术需要根据项目的具体需求进行整合和优化，以最大化其参与效果。例如，在涉及环境保护或重大基础设施项目时，可以通过线上直播、社交媒体宣传等手段扩大公众的知晓度和参与度。同时，还可运用大数据分析工具来挖掘公众关注的重点问题，为规划决策提供数据支持。通过结合传统与现代的公众参与工具，城乡规划可以更好地获得公众支持，促进规划的顺利实施，实现更高的社会效益和生态效益。

4.2.3 社区协同治理与城乡规划

社区协同治理的内涵及其价值体现在整合政府、企业、居民、社会组织等多主体资源，通过共同参与和多元化服务促进公共事务管理。这种治理模式在现代社区中尤为重要，能够有效弥补单一主体治理的不足，适应社区需求的多样性和个性化特点。例如，在社区环境保护、居民医疗保障和公共设施维护等问题上，通过协同治理机制，各主体能够共担责任，形成系统性的综合治理体系，推动社区资源的整合和利益的协调，从而提升整体社区生活质量。

在城乡规划中推动社区参与机制的实施，能够增强规划的科学性和合理性，确保规划设计更加贴近居民实际需求。通过开展公众咨询、组织居民听证会和提供反馈通道，城乡规划部门能够更好地理解并反映社区意见，使得规划方案在实施阶段更加顺畅。例如，城市新区的设计、旧社区改造、绿地分配等问题，若能得到社区的广泛参与，规划的落实将更加贴合居民生活实际。这样不仅提升了社区成员的归属感和参与感，也促进了社会资源的合理利用，使社区环境更加宜居和富有活力。

城乡一体化发展中的社区协同治理创新是缩小城乡差距、提升城乡居民生活质量的重要途径。当前，城乡二元结构仍然导致资源分配不均，城乡差距较大，而通过城乡一体化的协同治理，能够逐步实现资源流动与公共设施共享，推动城乡互补、良性互动的格局。政府可以通过政策支持和引导，在城乡之间建立资源共享机制，促进教育、医疗、文化等资源的双向流动；与此同时，社区可以根据自身特色，创新治理模式，如推动智慧社区建设、优化便民服务等，实现农村与城市社区在治理水平和生活质量上的接轨。这种多主体共建、资源共享的模式，不仅有助于实现城乡社区的融合，也为未来城乡可持续发展打下了坚实基础。

4.3
现行政策与法律框架分析

4.3.1 城乡规划相关政策与执行现状

（1）相关政策

①《中华人民共和国城乡规划法》。《中华人民共和国城乡规划法》作为城乡规划的基本法律框架，明确规定了城乡规划的编制、审批和实施过程，目的是保障土地资源的合理

利用，促进城乡经济与社会的协调发展。该法强调城乡规划要与国民经济和社会发展规划、土地利用规划等保持一致，同时要保护自然和文化遗产。

②《国家新型城镇化规划（2014—2020 年）》。该规划旨在推进我国新型城镇化发展，特别强调生态环境的保护与城乡协调发展。规划提倡"以人为本"的城镇化，推进农业转移人口市民化，改善城乡生态环境质量，强调在城乡一体化过程中加强公共服务和基础设施的建设。

③《乡村全面振兴规划（2024—2027 年）》。该规划明确提出要统筹优化城乡发展布局，推进城乡融合发展。以资源环境承载能力和国土空间开发适宜性评价为基础，优化农业、生态和城镇空间。严守生态保护红线和城镇开发边界等主要控制线，科学编制实施县级国土空间总体规划。

④《生态文明建设目标评价考核办法》。该考核办法是推动生态文明建设的重要政策，旨在通过考核机制促进地方政府加强环境保护，合理规划城乡发展，避免破坏自然资源和生态环境。该政策对城乡规划提出了更高的环境保护要求，使得地方政府在规划时必须考虑生态环境的可持续性。

（2）城乡规划体系不断完善

随着中国经济社会的快速发展，城乡规划体系不断完善，逐步从单一的城镇化建设转向更为综合、协调的城乡发展模式，注重在空间资源优化配置、环境保护、文化遗产传承等多个层面的系统性发展。城乡规划体系的完善，不仅涉及技术手段的进步，还涵盖了规划理念的创新和管理机制的提升，确保城乡发展更加协调、可持续。

在完善城乡规划体系的过程中，中国建立了多层级、多类型的城乡规划体系，包括总体规划、详细规划、专项规划等各类规划文件。通过国家、省、市、县、乡五级总体规划，将全国的空间发展进行统一协调，确保不同层级的规划文件相互衔接，避免出现重复建设、资源浪费等问题。同时，详细规划和控制性详细规划为建设项目提供了更具体的指导，确保每一块土地都得到合理利用。

在城乡规划的制定和实施过程中，逐步加强了公众参与和透明度。政府部门通过公示、听证会、座谈会等形式，收集社会各界对规划的意见和建议，形成了"多元共治"的规划体系。这种透明化的参与机制，有助于增强规划的公众认同度，减少因利益冲突引发的社会矛盾，确保规划更贴合社区需求和公众利益。

在城乡规划体系中，城乡融合与区域统筹成为重要方向。通过城乡规划法的实施，各地注重城乡之间的产业联动、人口分布和资源配置，推动城乡基础设施的共享、公共服务的均等化。同时，加强城市与乡村的功能协调，以缓解中心城市的过度扩张，实现区域内的资源合理分配，提升乡村的经济活力和生活品质。

随着信息化技术的普及，城乡规划体系逐渐融入 GIS（地理信息系统）、大数据分析、虚拟现实（VR）等先进技术手段。通过这些技术，不仅可以精确分析区域内的资源分布和环境承载力，还可以模拟未来的规划效果，提高规划方案的科学性和可行性。此外，智慧城市、智慧乡村等概念也逐渐融入城乡规划之中，通过数字化手段提升城市管理和服务效率。

在城乡规划体系中，生态文明建设成为重要内容。规划强调自然资源的合理保护和利用，将生态保护区、绿色廊道、生态缓冲带等设计纳入总体规划中，确保城乡发展过程中生态系统的稳定和恢复。与此同时，节约资源、减少污染排放等理念贯穿城乡规划始终，使城乡建设逐渐向绿色化、低碳化方向迈进。

城乡规划的法治化进程为规划的实施提供了有力保障。随着《中华人民共和国城乡规划法》等法律的出台，城乡规划的编制、审批、实施等环节都有了法律依据，确保规划的稳定性和约束力。此外，规划审查、监督评估机制不断完善，实行了严格的规划修编程序和动态调整机制，使得规划更具弹性，能够适应不断变化的社会需求。

完善的城乡规划体系要求建立城乡统筹发展的长效机制，推动城乡资源、产业、人口的合理流动，缩小城乡发展差距。通过城乡公共服务设施的完善，如教育、医疗、交通等，增强乡村的吸引力与承载力，实现城乡共生共荣。

（3）城乡一体化发展取得初步成效

在城乡统筹发展的战略指导下，中国的城乡一体化进程已经取得了显著成效。通过一体化发展，城乡之间在资源配置、基础设施、公共服务和产业布局等方面的差距逐渐缩小，城乡互补、共同繁荣的格局初见雏形。

城乡一体化的发展首先体现在基础设施的互联互通上。在国家政策的推动下，城乡道路网络得到升级，电力、通信、供水等基础设施在乡村地区逐渐普及。通过实施"乡村振兴战略"和城乡基础设施一体化建设，乡村地区的交通便利性和公共服务水平大幅提升，实现了与城市基础设施的有效衔接，为农村经济发展奠定了坚实的基础。

在城乡一体化的推进过程中，生态环境保护和治理取得了显著成效。乡村的绿化美化、环境卫生设施逐渐完善，农村环境得到改善。通过实施农村垃圾分类、污水处理和生态修复等举措，农村生态环境质量逐步提升。城乡一体化发展为农村生态环境的可持续发展提供了保障，实现了城乡生态资源的共享和互补。

随着城乡一体化的推进，乡村的社会治理能力也得到了显著提升。农村社区通过引入基层治理体系和社会服务机制，逐步提升了公共管理和服务能力，村民的参与感和获得感明显增强。通过推动基层组织建设、建立村民自治制度，城乡社会治理逐步融合，为乡村发展提供了良好的社会环境。

城乡一体化发展推动了城乡之间的文化交流与融合，乡村传统文化得到保护与弘扬。通过节庆活动、乡村文化中心、农村书屋等方式，农村文化得以复兴，城市居民也更多地参与乡村文化体验活动。在保护传统文化的同时，也通过引入现代文化活动和理念，丰富了乡村的文化生活，实现了城乡文化的相互融合与共同发展

城乡一体化的发展离不开政策支持和制度保障。国家和地方政府相继出台了一系列政策法规，推动土地、户籍、社会保障等方面的制度改革，逐步打破城乡壁垒，为城乡要素自由流动提供了制度保障。通过政策引导和激励机制，城市资本、技术、人才不断向乡村地区流动，进一步促进了城乡融合发展。

（4）农村基础设施和公共服务设施仍存在不足

① 交通设施。许多农村地区的交通网络不够发达，公路质量较低，部分地区仍存在通行不畅、道路安全隐患等问题。尤其在偏远或山地丘陵地区，村与村、村与镇之间的道路条件亟待改善。

②　供水设施。农村供水设施分布不均衡，自来水管网覆盖率较低，部分偏远村庄仍需依赖传统水源，供水不稳定，且水质较难保障，影响居民的日常生活质量。

③　电力和通信。虽然电网和通信设施在农村有所普及，但一些偏远农村地区电力供应不稳定，通信信号不佳，尤其在互联网应用快速发展的今天，农村网络建设滞后影响了信息获取和经济发展。

④　医疗卫生。农村地区医疗资源匮乏，医疗机构规模较小，设备陈旧，医护人员短缺，难以满足当地居民的健康需求。许多农村居民仍需前往较远的城镇或城市就医，导致医疗资源分配不均衡。

⑤　文化与体育设施。文化活动场所和体育设施在农村普遍缺乏，难以满足人民日益增长的精神文化需求。部分地区的文化中心、图书馆、体育场地建设滞后，导致农村居民的文化活动和健身需求得不到有效满足。

⑥　资金和技术支持不足。农村基础设施建设和维护面临资金不足的问题，地方政府的财政能力有限，导致农村基础设施建设缺乏持续的资金投入。此外，基础设施的维护和更新所需的专业技术支持不足，导致设施维护不及时，使用寿命和质量难以保障。

（5）规划实施过程中的挑战与瓶颈

城乡规划在推动城乡一体化、提升基础设施和公共服务水平方面起到了关键作用。然而，在实施规划的过程中，面临着多重挑战和瓶颈，导致规划目标无法有效实现。

①　资金短缺和资源分配不均。资金是城乡规划实施的基础，但在许多地区，规划的实施往往面临资金不足的问题，尤其是欠发达地区。城乡基础设施、公共服务和环境保护等项目的建设投入巨大，地方政府的财政能力有限，难以满足长期稳定的资金需求。同时，由于资源分配倾向于城市，导致农村地区在规划实施中获得的支持较少，城乡发展出现差距。

②　政策落实与监管不足。城乡规划涉及多个部门和层级的协调，然而政策的落实与监管机制在许多地区存在不足。部分地区缺乏规划实施的有效监督体系，政策执行不彻底，出现了"规划和执行脱节"的现象。加上基层监管力量薄弱，导致规划实施过程中违规建设和随意调整规划的问题屡见不鲜，影响了规划目标的实现。

③　土地资源和空间的局限。在城乡规划中，土地资源的紧缺是一个长期存在的瓶颈。随着人口增长和经济发展，对土地资源的需求不断增加，特别是在城市周边的农村地区，土地资源的紧缺显得尤为突出。同时，土地利用的限制和法规限制在一些地区未能有效结合，造成土地使用效率低下，难以支持长远的城乡规划需求。

④　多方利益平衡的难度。技术与人才不足：城乡规划往往涉及多个利益相关方，包括政府、企业、当地居民等，不同利益主体的诉求各异，导致协调难度大。在规划实施中，常常出现利益冲突，例如农村居民对拆迁、补偿的抵触情绪，企业对规划调整的反对等。如何在多方利益间找到平衡点，以确保规划的顺利实施，是城乡规划面临的重要挑战之一。

⑤　环境和生态保护压力。随着社会对生态环境保护的关注增加，城乡规划面临的环境压力也越来越大。许多地区的规划项目在实施中忽视了对环境的影响，导致资源消耗过度、污染排放增加。此外，生态保护和发展需求的冲突在城乡规划中尤为突出，如何在满

足发展需求的同时保证生态环境的可持续性，是规划实施的难题。

⑥ 法律和政策框架的不完善。虽然《中华人民共和国城乡规划法》等相关法律法规为城乡规划提供了依据，但部分政策在操作层面缺乏细化标准，导致规划实施过程中存在模糊地带。此外，法律对一些新兴问题，如农村土地使用权转让、乡村旅游开发等尚未做出详细规定，致使规划执行时遇到障碍和法律纠纷的风险增加。

4.3.2 法律框架支持景观风貌的保护

法律框架为景观风貌的保护提供了基础保障和指导规范，是确保城乡景观在开发、建设过程中得以保护与可持续发展的关键因素。法律的支持涉及明确的责任划分、保护范围的界定、实施规范的完善，以及有效的监督管理体系，确保景观风貌的持久性和特色化。

（1）明确的法律依据与保护目标

国家法律法规如《中华人民共和国城乡规划法》《中华人民共和国环境保护法》《中华人民共和国自然保护区条例》等，为景观风貌保护提供了法律依据。这些法律从不同角度对城乡景观保护、生态保护、文化遗产保护等方面做出详细规定，设立明确的保护目标，强调在开发建设中的风貌维护及生态保护原则。例如，《中华人民共和国城乡规划法》规定了城乡规划要统筹城乡发展，并要求保护自然景观、历史风貌等，避免过度开发造成对景观资源的破坏。

（2）多层次的保护体系

景观风貌保护的法律框架涵盖国家、省、市县多层次，形成了分级管理的保护体系。不同层级的法律法规和地方政策相互配合，细化了从城市到农村的保护范围。例如，国家级法律强调整体保护框架，而地方政府可以根据本地特色出台更有针对性的措施，将景观风貌保护工作落到实处。这种分级制度有效促进了各地在地理特色和风貌资源方面的保护及传承。

（3）文化遗产与自然资源的特别保护

法律框架中，文化遗产和自然资源的保护是景观风貌保护的重要组成部分。相关法规如《中华人民共和国文物保护法》《世界文化遗产保护管理办法》等明确指出文化遗产、自然景观和历史建筑的保护范围与责任，要求在城乡规划时充分考虑历史遗迹、传统建筑和自然生态的整体性。这种法律保护措施不仅是对文化的尊重，更是对生态环境和社会记忆的延续。

（4）严格的环境影响评价（EIA）制度

在景观风貌保护中，环境影响评价制度起到重要作用。法律框架要求在大型建设项目实施之前进行环境影响评价，以确定项目对当地景观、生态、文化的潜在影响。EIA评估在法律层面的强制性规定，确保了规划项目在实施前对风貌和生态的影响有所掌握，从而避免不合理的开发建设对风貌保护造成长期负面影响。

（5）景观风貌专项规划的法律保障

专项规划是景观风貌保护的重要方式，许多地区在法律框架下对景观风貌保护进行专项规划，并对实施专项规划的程序和内容进行规范。这些规划明确了区域内的景观类型、保护范围、管理要求，形成景观保护的法律依据。例如，部分省市出台了"历史文化名城保护条例"或"景观风貌保护管理办法",推动了特色景观的专项保护,并在法律层面得到保障。

4.3.3　法律与政策的动态协调与创新

在城乡景观风貌保护和发展中,法律与政策的协调和创新既是解决实际问题的关键,又是推动城乡融合的动力。随着城乡景观规划的多元化需求日益增多,传统政策体系常面临适应性不足、实施效率低、协同性不强等挑战,进而影响城乡风貌保护和发展的可持续性。因此,深入探讨和实施法律与政策的协调创新,不仅是应对新兴问题的必要手段,也是实现城乡一体化发展的重要支撑。

(1)跨部门政策协调机制

在城乡景观风貌保护中,跨部门政策的协作与整合是关键。自然资源、环境保护、文化遗产、交通建设等多个部门需要建立协同机制,明确各自职责和协作模式,以便在景观风貌保护与城乡规划中充分发挥职能。这不仅需要建立高效的信息共享平台,还需要推动跨部门的政策融合,使各部门在同一框架下操作,避免因政策冲突或职能重叠造成资源浪费或实施阻碍。

(2)法律体系的动态适应与更新

城乡规划所需的法律依据须具备前瞻性和灵活性,以适应社会经济快速发展的新需求。通过对《中华人民共和国城乡规划法》《中华人民共和国环境保护法》《世界文化遗产保护管理办法》等相关法律进行动态更新,增强法律的适应性,有助于有效应对新兴的土地利用方式、环境问题以及农村人口的流动变化。这种动态更新的法律体系能够及时填补现有法律的不足,为景观风貌保护提供更加坚实的法律支持。

(3)创新性的地方政策试点

在城乡风貌保护中,创新性政策试点为探索更具针对性和适应性的政策提供了平台。通过在不同区域试行创新政策,例如保护区设置、生态补偿、文化遗产活化等,可以有效验证和调整政策实施的效果,并通过成功的试点模式推广至全国,促进城乡一体化发展的顺利进行。此外,鼓励乡村自治与社区参与政策的试点机制,有助于增强地方居民的归属感和参与度,形成更强的社会支持。

(4)数字化技术在政策创新中的应用

现代技术的发展为法律与政策创新提供了新的途径。数字化管理系统、GIS 地理信息系统、大数据分析等技术的引入,可以提升城乡风貌保护政策的实施效率,并使监管过程更加透明和可追踪。此外,智能化的规划系统可以实现实时数据收集和分析,为政策创新提供科学依据,支持城乡一体化发展中的动态调整和资源优化配置。

4.3.4　政策与规划的互动机制与反馈

政策与规划的互动机制在城乡景观风貌保护和统筹发展中起着关键作用。通过有效互动,政策可以为规划提供制度性支持,而规划则能为政策实施提供实际路径,使得城乡发展更具可持续性和灵活性。深化这种互动机制的关键在于明确政策与规划的衔接方式,建立多层次的协调机制，以确保各项政策和规划的执行更具连贯性及落地效果。

政策为城乡规划提供了核心指导，使得规划方向更加明确和符合当前的社会需求。例如，在国家政策提出绿色发展、生态保护的大框架下，城乡景观风貌的规划必须突出生态优先和可持续性，具体体现在土地利用、景观设计和绿色基础设施的布局中。通过政策提供宏观导向，使规划在设计初期就能够确立符合国家和地方发展目标的方向，从而确保城乡景观风貌的科学性和系统性。

在规划的具体实施过程中，政策的及时调整能够应对实际需求的变化。例如，在城乡建设过程中，可能出现资源分配、基础设施需求等方面的实际变化，此时政策需对规划进行灵活调整，以保障项目的顺利推进。这种实时调整机制不仅能确保规划的执行效果，还能避免资源浪费，提升城乡景观风貌保护与建设的精准度。

地方政策和地方性规划的相互支持是推动城乡风貌一体化发展的有效方式。地方政府根据实际情况制定政策，明确景观风貌保护的优先区域或特定要求；而规划部门则可以依据这些地方政策，制定更具操作性的实施方案，使政策更易于执行，避免上层政策的僵化或缺乏针对性的问题。通过这种互动，地方政策的灵活性和针对性得以增强，城乡风貌保护更具实效。

城乡景观风貌的规划涉及生态环境、土地管理、文化遗产保护等多个部门，因此需要多部门在政策和规划上的互动与合作。建立跨部门的政策协调机制，各部门可以共同制定和落实相关规划，确保规划执行时各方面资源能够相互配合、发挥整体效益。多部门协调不仅可以有效避免职能重叠和资源浪费，还能确保城乡风貌规划更具系统性。在政策的指导下，城乡景观风貌的规划可以探索创新模式，例如生态修复型景观设计、可持续交通模式等。这些模式在政策的支持下，通过一系列创新的规划方式将社会发展、环境保护和经济效益结合在一起，成为城乡发展的新范式。政策的支持为这些创新规划模式的实施提供了保障，同时推动城乡景观风貌规划更具前瞻性。

第5章
金寨县城乡景观风貌评价体系构建

　　城乡景观风貌的统筹评价，是一个涉及多维度、多层次的综合性评估过程。它不仅关乎城乡空间的美学呈现，更深深植根于人们的心目之中，成为衡量城乡发展质量与生活品质的重要标尺。在进行这样一项评价时，需深刻认识到景观风貌的价值并非孤立存在，而是由其自然环境、历史积淀、文化特色以及社会功能等多重因素共同塑造的。

　　自然环境是城乡景观风貌的基底，地形地貌的起伏变化、植被的覆盖与种类、水系的蜿蜒流淌，无一不构成了城乡风貌的独特韵味。这些自然元素不仅为城乡提供了生态屏障，更是人们亲近自然、感受生命律动的宝贵资源；历史风貌与文化特色是城乡景观风貌的灵魂。每一座古城、每一条老街、每一栋古建筑，都承载着厚重的历史记忆与文化传承。它们见证了城乡的兴衰变迁，也凝聚了世代居民的情感与智慧。在评价城乡风貌时，需深入挖掘这些历史文化遗产的价值，让其在现代生活中焕发新的活力；景观感知与构成是评价城乡风貌不可或缺的一环。这包括景观的视觉美感、空间布局、色彩搭配以及材质选择等方面。一个优秀的城乡景观风貌，应当能够给人以美的享受，同时能与周围环境和谐共生，形成独特的景观风貌特色；建筑风貌作为城乡景观的重要组成部分，其风格、形式、材料以及功能布局等，都直接影响着城乡的整体形象与品质。在评价过程中，应关注建筑风貌与城乡环境的协调性，以及其在传承与创新之间的平衡；功能建设与宜居性也是评价城乡景观风貌不可忽视的方面。城乡空间的功能布局是否合理、公共服务设施是否完善、交通出行是否便捷、居住环境是否舒适宜人，这些都是影响居民生活质量与幸福感的关键因素。城乡景观风貌的统筹评价是一个全面而深入的过程。它要求综合考虑自然环境、历史风貌、文化特色、景观感知与构成、建筑风貌以及功能建设与宜居性等多个方面，通过科学的评价方法与手段，确定各景观要素在整个城乡景观风貌中的重要性，为城乡的可持续发展与品质提升提供有力支撑。

5.1
评价体系的基本思路及原则

5.1.1　评价基本思路

景观风貌系统具有物质与非物质要素耦合的复杂属性，难以通过单一维度测度。本书构建多维评价框架：首先采用目标导向的多维解构策略，将抽象评价目标转化为可操作的准则体系，并逐级分解为具体评价指标；其次运用 AHP 方法构建要素层次结构模型，通过德尔菲法获取专家经验判断，实施指标权重赋值；最终形成主客观结合的复合评价模式——客观评价依托 GIS 空间分析等技术手段获取量化数据，主观评价通过参与式调查法采集多元主体感知数据。基于评价结果开展问题诊断，提出景观风貌优化策略，为城乡融合发展提供决策支持。评价实施流程遵循"目标解构→模型构建→数据采集→结果分析→策略生成"的逻辑链。

（1）确定评价对象和范围

景观风貌评价以区域空间分异为基础，针对不同风貌分区的景观现状特征建立多维评价模型，通过指标体系的差异化设计保障评价结果的科学有效性。

（2）确定评价指标

构建多级评价指标框架，需对中观维度进行要素解析，具体结合县域景观系统的空间分异特征，通过文献研究、专家咨询及实地调查法，筛选具有地域适配性的评价指标。指标凝练过程应遵循"目标层-准则层-指标层"的层次化结构，重点选取可量化、易获取的表征因子，确保评价体系的科学性与可操作性。同时，需建立指标遴选标准，涵盖空间覆盖度、时间敏感性及主体感知度等多维筛选准则，最终形成具有地域特色的景观风貌评价指标体系。

（3）评价模型构建

基于 AHP 决策分析法，通过构造两两比较判断矩阵，运用特征向量法实施权重向量求解，同步开展判断矩阵的一致性比率检验。当 CR 值小于 0.1 时，通过显著性检验，最终获得具有逻辑一致性的指标权重排序结果。该过程严格遵循层次分析法"构造矩阵-计算权重-检验一致性"的标准范式，确保权重体系的科学性与合理性。

（4）收集数据和资料

通过实地调研、问卷调查、网络查询等方式收集相关数据和资料，为评价工作提供有力支持。

（5）评分标准制定

指标量化过程采用双轨制方法：一是客观型指标基于 GIS 空间分析技术进行数据标准化处理；二是主观型指标通过结构化问卷调查（采用 5 级 Likert 量表）获取社会认知数据。各类指标经归一化处理后，运用层次分析法（AHP）确定权重系数，最终形成综合评价值。

5.1.2　评价基本原则

（1）科学性原则

本案例基于三个维度构建景观风貌评价指标体系：理论维度（系统梳理城乡景观研究文献）、方法维度（分析现有评价体系）、实践维度（确保指标可操作性与代表性）。指标体系设计遵循 MECE 原则（mutually exclusive, collectively exhaustive），通过德尔菲法专家咨询与主成分分析相结合的方式，保证指标的科学性与系统性。

（2）系统性原则

在评价城乡景观风貌时，应考虑自然环境、建筑环境和文化精神之间的相互作用及相互影响，形成一个完整的评价系统。这样有助于全面把握景观风貌的方面，确保评价的全面性和可信度。

（3）可操作性原则

基于金寨县实证调研数据，构建的景观风貌评价指标体系强调三个核心属性：①地域适配性（反映本土景观特征）；②测量可靠性（具备标准化量化方法）；③概念确定性（明确定义与评价标准）。通过"理论-实践-方法"三重验证机制，确保指标体系的科学性与适用性。

（4）主客观结合原则

景观风貌评价需强调人本感知维度，针对美学质量等主观认知要素，构建半结构化评价体系。其中主观评价指标应聚焦非结构化感知要素，采用量化框架进行经验描述转化。指标体系呈现主客观复合特征：客观指标基于物理空间参数，主观指标则通过严谨评分体系实现经验量化。以景观美学评价为例，可从色彩协调性、空间尺度感、布局均衡性、层次丰富度、节奏韵律感等维度建立分级评分标准，将定性感知转化为定量描述，在保留人文价值关怀的同时提升评价体系的科学性。

5.2
评价指标体系的构建

5.2.1　景观风貌要素层分解

为了建立一个完整、系统、科学、客观的金寨县景观评价体系，对金寨县的自然环境、人工环境和历史文化进行了深入的调研，并经过实地调研和问卷走访获取了大量的信息和资料。经过深入研究，参考了《和美乡村景观风貌评价规范》《住房城乡建设部印发〈园林绿化工程建设管理规定〉的通知》和城乡景观评价的综合方法等有关城乡景观评价方面的标准，结合金寨县的现状，以及独特的自然人文景观资源，最终使用 AHP 评价与运算原理，以期获得更加准确的评价结果，为金寨县的景观风貌统筹提供有力的支持。将"金寨县城乡景观风貌单元评价体系"作为目标层（A），对目标层划分多个准则层（B），各准则层下又设置若干指标层（C），从而构建出一个层级完整、相互关联的金寨县城乡景观风貌单元评价体系。根据相关资料查询，将景观风貌要素分为自然地理特征、景观感知与构成、建筑环境、城乡公共空间价值和历史文化精神五个方面。

其构成要素丰富多样、种类繁多。自然地理特征是描述一个地区自然环境独特性的综合指标，它不仅影响着该地区的生态环境和生物多样性，也对人类活动和经济发展产生重要影响。

景观构成和景观感知是景观学及环境心理学中的两个重要概念，它们相互关联、相互影响，共同构成了人们对景观环境的全面认知和体验。建筑风貌价值指的是建筑在空间布局、外观形态、材料运用、装饰细节等方面所呈现出的整体特征和风格。它是建筑艺术的重要组成部分，反映了当地的地域特色和文化传承。

公共空间价值是城乡居民日常生活和社会生活的重要载体，具有公共性、开放性、多功能性等特点。它们不仅承载着人们的日常活动，还是城乡文化、社会风貌的重要展示窗口。历史文化精神是民族历史文化的精髓和核心，具有高度的代表性和凝聚力，能够激发民族自豪感和归属感，增强民族的凝聚力和向心力。

（1）自然地理特征层分解

自然地理特征是指一个地区在自然条件下形成的综合地理属性，它综合体现了地形地貌的复杂多样性，如山脉的巍峨、平原的广袤、丘陵的起伏以及地势的高低错落。植被覆盖率不仅反映了地区生态环境的健康状况，也体现了生物多样性的丰富程度；水文丰富度涵盖了河流的蜿蜒流淌、湖泊的宁静深邃以及地下水的充沛程度，是地区水资源状况的重要体现；同时，气候舒适度也是自然地理特征的重要组成部分，它包括气温的宜人、降水的适中、风力的柔和等气候要素，这些要素共同决定了地区居住和生产的适宜性，以及人们在此环境中的舒适感受。这些自然地理特征相互交织、相互影响，共同塑造了一个地区独特的自然景观和生态环境。

（2）景观感知与构成层分解

景观感知是人们对周围景观环境通过感官获得的整体印象与情感体验，而景观的构成则是形成这种感知的基础，它涵盖了多个关键要素。其中，景观视觉干扰度反映了环境中不和谐元素对视觉感受的影响程度，低干扰度有助于营造宁静、和谐的景观氛围；自然景观独特性强调了景观中自然元素如地形、植被、水体等的独特性与稀有性，它们是吸引人们注意并产生深刻印象的关键；景观色彩多样性则通过丰富的色彩变化为景观增添活力与层次感，使人们在感知过程中获得更加丰富的视觉享受；景观构成协调性则关注景观中各要素之间的和谐统一，包括空间布局、比例尺度、风格等方面的协调，它影响着人们对景观整体美感的判断。综上所述，景观感知与构成是一个复杂的系统，景观视觉干扰度、自然景观独特性、景观色彩多样性和景观构成协调性这四个方面相互交织、相互影响，共同塑造着人们对景观的综合感知与审美体验。

（3）建筑环境层分解

建筑环境是城乡景观风貌的重要组成部分，直接反映了城乡融合的质量和水平。它不仅包括建筑物的实体形态、风格、色彩等视觉元素，还包括建筑物的空间布局、功能分区、交通流线等实际使用要素。

（4）城乡公共空间层分解

城乡公共空间是指城市中供居民进行公共活动、社交互动、休闲娱乐等用途的开放区域。在景观感知与构成的视角下，城乡公共空间可以被分解为环境整洁度、开放空间丰富度、公共建筑丰富度、公共景观丰富度以及住宅庭院丰富度这五个关键要素。环境整洁度反映了公共空间的维护状况与清洁卫生程度，直接影响着人们的舒适度和使用体验；开放空间丰富度体现了公共空间类型的多样性与分布的均衡性，为居民提供了多样化的活动场所；公共建筑丰富度则展示了公共设施的完善程度，如图书馆、文化中心等，这些建筑不仅是功能的载体，也是城市文化的展现；公共景观丰富度涵盖了自然景观与人工景观的多样性，为公共空间增添了艺术美感与文化内涵；住宅庭院丰富度则关注居民生活环境的私密性与美观性，体现了居住空间的品质与特色。这些要素共同构成了城乡公共空间景观感知与构成的丰富内涵，影响着居民对公共空间的整体印象与满意度。

（5）历史文化精神层分解

历史文化要素的空间化存续高度依赖物质载体，对宗祠、戏台、庙宇等文化承载空间的等级规模与空间密度进行量化评估，可客观反映城市历史文脉保护成效。非物质文化遗产评价需建立双轨机制：一方面系统普查地方民俗活动类型与活态传承状况；另一方面对接国家级非遗名录认定标准，构建文化遗产价值网络。文化多样性作为城乡社会资本的构成要素，通过创造跨文化交流场景促进群体认知融合，其空间分布密度与可达性直接影响城乡文化共生的实现程度。这种文化互动机制有效消解了城乡二元结构中的价值隔阂，为构建包容性城乡关系提供文化支撑。

5.2.2　评价因子确定

本案例设计的景观风貌评价模型整合主客观数据，建立五维评价结构，然后通过层次分析法（AHP）将各维度分解为多项可操作性指标，构建两级评价指标体系（表 5-1）。

表 5-1　城乡景观风貌评价体系构成表

目标层（A）	准则层（B1～B5）	指标层（C1～C19）
城乡景观风貌单元价值评价 A	自然地理特征 B1	气候舒适度 C1
		水文丰富度 C2
		植被覆盖率 C3
		地形地貌多样性 C4
	景观感知构成 B2	景观视觉干扰度 C5
		景观色彩多样性 C6
		景观构成协调性 C7
		自然景观独特性 C8
	建筑环境风貌 B3	建筑色彩和谐性 C9
		建筑高度协调性 C10

目标层（A）	准则层（B1～B5）	指标层（C1～C19）
城乡景观风貌单元价值评价 A	建筑环境风貌 B3	建筑风格地域性 C11
		建筑与环境协调性 C12
	城乡公共空间 B4	环境整洁度 C13
		公共空间多样性 C14
		公共建筑多元性 C15
		公共设施丰富度 C16
	历史文化精神 B5	文化延续性 C17
		历史古迹丰富度 C18
		文化多样性 C19

5.3
指标权重计算方法

5.3.1　建立指标权重值判断矩阵

通过系统解构景观风貌单元的评价维度，结合既有研究成果开展评价因子知识图谱分析，全面识别景观风貌的价值影响要素。鉴于评价体系需重点揭示不同景观类型的核心价值差异，采用主客观协同评价框架，从自然环境本底、景观感知质量、建筑风貌特征、公共空间效能、历史文化遗存 5 个维度构建一级准则层，并进一步细化为 20 项可操作的二级指标层。该体系聚焦城市特色塑造的关键影响因子，通过德尔菲法筛选具有显著贡献度的评价指标，确保评价模型既能反映景观的客观属性特征，又能承载主体的价值认知（表 5-2 和表 5-3）。

表 5-2　城市景观风貌评价指标标度说明

标度值	含义
1	表示两个因素之间进行比较，两者重要性相等
3	表示两个因素之间进行比较，一个因素比另一个因素稍显重要
5	表示两个因素之间进行比较，一个因素比另一个因素明显重要
7	表示两个因素之间进行比较，一个因素比另一个因素强烈重要
9	表示两个因素之间进行比较，一个因素比另一个因素极端重要
2、4、6、8	上述两相邻判断的中值
$1/b_{ij}$	两个元素的反比较

表 5-3　判断矩阵模型示例

A_i	B_1	B_2	…	B_n
B_1	b_{11}	b_{21}	…	b_{1n}
B_2	b_{21}	b_{22}	…	b_{2n}
…	…	…	…	…
B_n	b_{n1}	b_{n2}	…	b_{nn}

5.3.2　层次单排序

根据赋值结果，得到同一层各指标对上层指标的相对重要性权重值。当判断矩阵 A 最大特征根为 $\lambda_{\max}$ 时，其特征向量即为 $\boldsymbol{W}$。对 $\boldsymbol{W}$ 进行归一化处理，可得到同层指标对上次指标的相对重要权重值，具体步骤如下。

（1）计算判断矩阵 A 每行元素乘积的 n 次方根

$$\overline{W}_i = \sqrt[n]{\prod_{j=1}^n a_{ij}} \ (i=1, 2\cdots n)$$

（2）将 $\boldsymbol{W}$ 归一化处理

$$W_i = \frac{\overline{W}_i}{\sum_{i=1}^n \overline{W}_i} \ (W=W_1, \ W_1\cdots W_1)$$

（3）则 $\boldsymbol{W}$ 的最大特征根为

$$\lambda_{\max} = \sum_{i=1}^n \frac{(AW)_i}{nW_i}$$

（4）计算判断矩阵的最大特征值 $\lambda_{\max}$。

$$\lambda_{\max} = \sum_{i=1}^n \frac{(AW)_i}{nW_i}$$

$$AW = \begin{bmatrix} (AW)_1 \\ (AW)_2 \\ M \\ (AW)_n \end{bmatrix} = \begin{bmatrix} u_{11} & u_2 & K & u_{1n} \\ u_{21} & u_{22} & K & u_{2n} \\ M & M & M & M \\ u_{m1} & u_{m2} & K & u_{m3} \end{bmatrix}$$

式中，$(AW)_i$ 表示向量的 i 个分量；n 为判断矩阵阶数。

5.3.3　一致性检验

（1）计算一致性指标 CI

$$CI = \frac{1}{n-1}(\lambda_{\max} - n)$$

式中，n 为判断矩阵阶数。

（2）平均随机一致性指标 RI

平均随机一致性指标 RI，由表 5-4 查取。

表 5-4 平均随机一致性指标 RI 的取值

阶数	1	2	3	4	5	6	7	8	9
RI	0	0	0.58	0.90	1.12	1.24	1.32	1.41	1.45

（3）计算一致性指标 CR

以某专家对准则层的判断矩阵为例，通过 Yaahp 10.1 软件计算各判断矩阵的最大特征值（$\lambda_{\max}$）、一致性指标（CI）及一致性比率（CR）。

$$CR = \frac{CI}{RI}$$

计算步骤如下。

① 计算判断矩阵特征向量 W 及 $\lambda_{\max}$。

② 一致性指标。

$$CI = \frac{\lambda_{\max} - n}{n - 1}$$

式中，n 为矩阵阶数（本例 $n=5$，CI$=0.032$）。

③ 查表得平均随机一致性指标 RI（表 5-4，$n=5$ 时 RI$=1.12$）。

④ 若 CR<0.10，表明判断矩阵通过一致性检验，否则需专家重新调整评分。

（4）综合权重计算

通过 Yaahp 软件对 13 位专家通过检验的判断矩阵进行加权平均运算，计算公式为

$$W_{综合} = \frac{1}{N}\sum_{i=1}^{N} W_i$$

式中，W 综合为最终指标权重；W_i 为第 i 位专家的权重向量；N 为专家总数。

5.3.4 层次总排序

设准则层 B_1、B_2、$\cdots$、B_n 对于目标层 A 的权重向量为 b_1、b_2、b_n，指标层 C_1、C_2、$\cdots$、C_n 对于准则层 B 的权重向量为 c_1、c_2、$\cdots$、c_n，则指标层因子对应总目标权重计算如表 5-5 所示。

表 5-5 C 层总排序权重

C 层	B 层				C 层总排序
	B_1	B_2	$\cdots$	B_n	权重
	b_1	b_2	$\cdots$	b_n	
C_1	c_{11}	c_{21}	$\cdots$	c_{1n}	
C_2	c_{21}	c_{22}	$\cdots$	c_{2n}	
$\cdots$	$\cdots$	$\cdots$	$\cdots$	$\cdots$	$\cdots$
C_n	c_{n1}	c_{n2}	$\cdots$	c_{nn}	

通过准则层要素权重计算，获取各评价指标相对于系统目标的优先权重，构建专家 A

的景观风貌单元评价权重体系。需对目标层合成权重进行一致性比率检验（CR＜0.1）。将多位专家判断矩阵的权重集进行几何加权集成，最终获得评价体系的综合权重系数。

5.4
综合评分标准

5.4.1 单项指标赋值方法

（1）固有值指标

将景观风貌评价指标中的固有值指标界定为具有明确量化标准和客观数据来源的核心参数，如植被覆盖指数（NDVI）、历史文化遗产密度等。这类指标的量化赋值需通过多源数据协同验证，主要包括：空间地理数据（遥感影像、GIS 数据库）；官方统计资料（地方统计年鉴、国土调查成果）；专项规划文本（历史文化保护规划、生态保护红线规划）；法定保护名录（文物保护单位清单、非物质文化遗产名录）。

（2）自由裁量指标

自由裁量指标是指需要通过主观评价方法进行量化的定性参数，如气候舒适度、建筑环境协调性等具有感知差异性的特征变量。针对此类指标，研究采用 Likert 5 级量表构建标准化评语集，通过分层抽样方式对当地居民（随机抽样）和专业技术人员（规划师、景观设计师）开展问卷调查，并辅以照片模拟评价法等可视化技术手段，在确保数据信度和效度的基础上，运用模糊综合评价方法将主观判断转化为可量化的评价结果。

5.4.2 单项指标评分标准

5.4.2.1 固有值指标

（1）植被覆盖率

植被覆盖率（VC）是衡量区域植被空间分布的核心景观指数，其计算公式为 $VC = (\sum A_{veg}/A_{total}) \times 100\%$，式中，$A_{veg}$ 为植被投影面积；A_{total} 为区域总面积。参考《生态环境状况评价技术规范》（HJ 192—2015），制定五级分类体系用于景观生态评价（表 5-6）。

表 5-6 植被覆盖率评分标准

等级划分	具体等级指标	评分
极好	植被覆盖率＞75％	5
好	植被覆盖率 60％～75％	4
一般	植被覆盖率 45％～60％	3
差	植被覆盖率 30％～45％	2
极差	植被覆盖率＜30％	1

（2）地形多样性

地形多样性涵盖了山脉、平原、盆地、高原和岛屿等多种基本地形类型。这些地形不仅反映了地球内部构造的特征，也展示了自然力在长期作用下塑造的地球表面的复杂性和差异性（表5-7）。

表5-7　地形多样性评分标准

等级划分	具体等级指标	评分
极好	地貌特殊，具有五种以上地形	5
好	地貌特殊，具有五种地形	4
一般	地貌特殊，具有三至四种地形	3
差	无特殊地貌，具有一至两种地形	2
极差	无特殊地貌，地形平坦	1

（3）地形起伏度

地形起伏度是衡量区域地形特征的关键宏观指标，具体指某一特定区域内最高点与最低点之间的海拔高差。这个高差直观反映了地面的相对起伏程度，是定量分析地貌形态和划分地貌类型的重要参考依据（表5-8）。

表5-8　地形起伏度评分标准

等级划分	具体等级指标	评分
极好	起伏度＜30m	5
好	30≤起伏度＜100m	4
一般	100≤起伏度＜500m	3
差	500≤起伏度＜2500m	2
极差	起伏度≥2500m	1

（4）历史古迹丰富度

历史古迹丰富度是指特定区域内具有历史文化价值遗址的数量、类型多样性及其空间分布密度的综合量化表征，可根据当地历史文化遗产名录进行评价等级划定（表5-9）。

表5-9　历史古迹丰富度评分标准

等级划分	具体等级指标	评分
极好	国家级文物保护单位	5
好	省级文物保护单位	4
一般	市级文物保护单位	3
差	县级文物保护单位	2
极差	无历史文化遗产	1

5.4.2.2 自由裁量指标

（1）水文丰富度

水文丰富度是指流域内水资源总量、水体类型多样性及其时空分布均匀性的综合量化指标，反映区域水文循环的活跃程度（表 5-10）。

表 5-10　水文丰富度评分标准

等级划分	具体等级指标	评分
极好	多元化的水体类型、优质的水体及完善的滨水景观设施体系	5
好	较丰富的水体形态、良好的水质状况及相对完备的景观配套设施	4
一般	水体多样性、尚可的水质条件及基础性景观设施配置	3
差	单一的水体形态、轻度浑浊的水质特征及有限的景观设施	2
极差	匮乏的水体资源、显著的水质浑浊现象及缺失的景观设施配置	1

（2）气候舒适度

气候舒适度是指景观环境中气候条件对人体舒适感的影响程度。具体来说，气候舒适度不仅涉及气温、湿度、风速等气象要素，还与景观的空间布局、植被覆盖、水体分布等因素密切相关（表 5-11）。

表 5-11　气候舒适度评分标准

等级划分	具体等级指标	评分
极好	气候完美，景观观赏性极佳，游客极度舒适	5
好	气候优良，景观观赏性高，游客非常舒适	4
一般	气候适中，景观可观赏，游客感到舒适	3
差	气候波动，有时影响景观观赏，游客稍感不适	2
极差	气候恶劣，严重影响景观观赏，游客极度不适	1

（3）景观视觉干扰度

景观视觉干扰度是指景观环境中那些与周围景观不协调、不融合的元素或现象。它们对观察者的视觉感受产生干扰，影响了景观的整体美感和观赏体验（表 5-12）。

表 5-12　景观视觉干扰度评分标准

等级划分	具体等级指标	评分
极好	景观纯净，无干扰，视觉体验极佳	5
好	少量干扰，不影响整体景观，视觉体验良好	4
一般	干扰适中，视野受限，视觉体验一般	3
差	干扰较多，景观受影响，视觉体验较差	2
极差	干扰严重，景观破坏，视觉体验极差	1

（4）自然景观独特性

自然景观独特性表征单元内自然地理要素（山水格局、农田肌理、聚落形态等）的空间配置模式所呈现的地域景观识别阈值，反映特定地域在自然本底条件与人文营建活动协同作用下的景观可辨识程度（表5-13）。

表5-13　自然景观独特性评分标准

等级划分	具体等级指标	评分
极好	山水格局、植被群落等要素的有机组合形成显著的地域标识性特征	5
好	各要素的空间配置呈现较鲜明的区域特色与可识别性	4
一般	要素组合具备基本的区域代表性特征	3
差	要素构成仅呈现微弱的地域性表达	2
极差	要素组合缺乏典型的地域文化特征	1

（5）景观色彩多样性

景观色彩多样性评价需考量两大维度：其一，自然基底（山体、水体、林相、农田）与人工建（构）筑物的色彩组合是否具有多阶色相梯度与饱和度层次，以及色彩分布的均衡性与协调性；其二，植被群落（含自然林相与人工绿化）是否呈现显著的季节性物候演替特征，即色彩随季节变迁产生的动态韵律感。该指标综合反映景观色彩构成的生态美学价值与时空动态特性（表5-14）。

表5-14　景观色彩多样性评分标准

等级划分	具体等级指标	评分
极好	多元景观要素（地形、植被、农田、聚落）呈现高度协调的色谱组合与显著的植被物候演替特征	5
好	要素间色彩构成相对丰富且和谐，并具备可观测的季相变化规律	4
一般	基本协调的色彩搭配及可见的季节性植被变化	3
差	单一化的色彩表达与有限的植被季相变化	2
极差	单调的色彩构成及缺失的植被物候变化特征	1

（6）景观构成协调性

景观构成协调性需从三个维度进行解析：首先，空间形态过渡的连续性，考察不同景观单元间的界面融合程度；其次，垂直维度的韵律特征，分析聚落与自然山体在垂直剖面上的天际线节奏变化；最后，景观纵深梯度结构，评估由近景农田、中景林木建筑至远景山体形成的空间层积效应。该指标体系通过量化空间形态参数，综合反映景观要素在水平延展与垂直叠合维度上的组织秩序（表5-15）。

表5-15　景观构成协调性评分标准

等级划分	具体等级指标	评分
极好	自然地形与人工聚落轮廓线呈现显著的韵律性波动，形成丰富的空间层次与强烈的视觉节奏感	5

等级划分	具体等级指标	评分
好	天际线具有明显的起伏变化，空间层次较为清晰并展现良好的韵律特征	4
一般	连续但不突出的轮廓变化，形成基本的空间层次与韵律表达	3
差	断裂的轮廓形态与单一的空间层次，韵律表现较弱	2
极差	完全缺乏变化的线性轮廓，空间层次单调且韵律特征缺失	1

（7）建筑风格统一性

建筑风格统一性是指在一个景观环境中，建筑物的设计风格、形式、材料、色彩等方面呈现出一种协调一致、和谐统一的整体效果。这种统一性不仅体现在单个建筑物内部的设计元素上，更体现在建筑物与周围环境、其他建筑物之间的相互关系上。例如，在山水景观中，建筑物的设计风格可能与山水相呼应，采用传统的中式建筑风格，以体现与自然的融合（表 5-16）。

表 5-16　建筑风格统一性评分标准

等级划分	具体等级指标	评分
极好	建筑风格与景观环境高度融合，形成和谐统一的整体，无任何突兀或不协调之处	5
好	建筑风格与景观环境基本协调，存在个别细微差异，但整体不影响统一感	4
一般	建筑风格与景观环境在部分方面相协调，但也存在一些明显的风格差异	3
差	建筑风格与景观环境存在较多不协调之处，整体风格显得杂乱无章	2
极差	建筑风格与景观环境格格不入，形成强烈的对比和冲突，严重影响景观的整体美感	1

（8）建筑色彩和谐性

建筑色彩和谐性是指建筑物在色彩运用上与周围环境、整体景观风格之间达到的一种视觉上的协调与平衡。这种和谐性不仅关乎建筑物的美观程度，还深刻影响着人们对环境的感知和情感体验，如山川、湖泊、植被等。在色彩选择上，可以借鉴自然界的色彩搭配，使建筑物成为自然景观的有机组成部分，而不是突兀的存在（表 5-17）。

表 5-17　建筑色彩和谐性评分标准

等级划分	具体等级指标	评分
极好	建筑色彩与周围环境及景观风格高度融合，形成统一且美观的整体效果	5
好	建筑色彩与景观环境基本协调，仅有细微的色彩差异，但不影响整体美观	4
一般	建筑色彩与景观环境在部分方面相协调，但存在一些可察觉的色彩不和谐之处	3
差	建筑色彩与景观环境存在明显的色彩冲突或不协调，影响了整体景观的美感	2
极差	建筑色彩与周围环境及景观风格格格不入，形成强烈的色彩对比和冲突	1

（9）建筑高度协调性

建筑高度协调性是指建筑物的高度与周围环境、景观风貌以及城市规划等方面相协调。例如，在山区或丘陵地带，建筑高度应顺应地形起伏，与山势相协调；在城市中心区域，建筑高度则可能需要根据城市规划进行控制，以维持城市的天际线和整体风貌（表 5-18）。

表 5-18　建筑高度协调性评分标准

等级划分	具体等级指标	评分
极好	建筑高度与周围环境及景观风貌完美融合，形成和谐统一的整体效果	5
好	建筑高度与景观环境高度协调，仅有细微的高度差异，但整体效果仍然和谐	4
一般	建筑高度与景观环境在部分方面相协调，但存在一些可察觉的高度不和谐之处	3
差	建筑高度与景观环境存在明显的不协调，对整体景观效果产生了一定的负面影响	2
极差	建筑高度与周围环境及景观风貌格格不入，形成了强烈的视觉冲突	1

（10）建筑风格地域性

建筑风格地域性是指建筑形式语言对特定地理区域自然气候、文化基因及地方材料的适应性表达特征（表 5-19）。

表 5-19　建筑风格地域性评分标准

等级划分	具体等级指标	评分
极好	建筑形态语汇、风格特征及材料应用具有显著的地域标识性，形成高度的文化可辨识度	5
好	建筑形式要素呈现较明确的地域文化特征与良好的识别性	4
一般	建筑局部细节展现地域特色元素，具备基本的文化识别特征	3
差	建筑构成要素仅呈现微弱的地域性表达，文化识别性不足	2
极差	建筑形态构成完全缺乏地域文化关联，文化识别特征缺失	1

（11）环境整洁性

环境整洁性不仅关乎物质表面的清洁，更涉及整体环境的秩序、美观与和谐。一个整洁的环境能够提升景观的品质，增强人们的视觉享受和身心愉悦感（表 5-20）。

表 5-20　环境整洁性评分标准

等级划分	具体等级指标	评分
极好	环境非常干净，无任何垃圾、污渍或杂乱现象，景观元素井然有序，给人极佳的视觉享受	5
好	环境整体干净，仅有少量细微的污渍或杂物，但不影响整体景观的整洁度	4
一般	环境大体上干净，但存在一些可见的垃圾或轻微杂乱，对景观整洁度有一定影响	3

续表

等级划分	具体等级指标	评分
差	环境存在较多垃圾、污渍或杂乱现象，明显影响了景观的整体整洁度和美观度	2
极差	环境非常脏乱，垃圾遍布，杂乱无章，严重破坏了景观的整洁度和视觉美感	1

（12）公共空间多样性

公共空间多样性主要是指公共空间在功能、空间布局、使用时间、服务的社会群体以及融入的文化与历史元素等方面展现出的丰富性和差异性，以满足不同人群和活动的多元化需求（表 5-21）。

表 5-21　公共空间多样性评分标准

等级划分	具体等级指标	评分
极好	公共空间丰富多样，具有鲜明的特色和独特的魅力，整体规划，细节设计具有较高水准	5
好	空间布局合理，功能齐全，且设计独具匠心，融入了多种文化元素和艺术表现形式	4
一般	公共空间具有一定的多样性，但无论在功能布局、设计风格还是文化氛围上，都只能够基本满足不同人群的需求	3
差	公共空间融入了一些不同的元素或功能，但整体上仍显得较为单一，缺乏足够的深度和广度。空间之间的连接和互动也不够紧密，难以形成有机的整体	2
极差	公共空间显得非常单调，缺乏变化和创新。无论是从功能、设计还是文化氛围上，都难以满足不同人群的需求	1

（13）公共建筑多元性

公共建筑多元性是一个综合性的概念，它涵盖了公共建筑在设计风格、功能布局、建筑材料、技术应用以及地域文化融合等多个方面的多样性和丰富性。这种多元性不仅体现在建筑外观的独特性和创新性上，更在于建筑能够满足不同社会群体、文化背景和功能需求的能力。通过融合多种设计元素和理念，公共建筑多元性旨在创造出既具有时代感又富含文化底蕴的建筑空间，为城市增添独特的魅力，同时也为居民提供更加舒适、便捷和富有文化内涵的公共环境。这种多元性不仅促进了建筑文化的交流与融合，也推动了城市文化的繁荣与发展（表 5-22）。

表 5-22　公共建筑多元性评分标准

等级划分	具体等级指标	评分
极好	公共建筑在多元性方面达到极高水平，不仅在设计风格、功能布局上极具创意和特色，还充分融合了地域文化、环保理念等多种元素，成为城市中的标志性建筑	5
好	公共建筑在多元性方面表现突出，设计风格多样，功能布局合理，能够为人们提供丰富多样的空间体验	4

等级划分	具体等级指标	评分
一般	公共建筑在设计风格、功能布局等方面展现出一定的多样性，能够基本满足不同人群的需求	3
差	公共建筑在多元性方面表现平平，虽有一定的变化，但整体仍显得较为单一，缺乏特色	2
极差	公共建筑在设计风格、功能布局、材料使用等方面极度单一，缺乏变化和创新	1

（14）公共设施丰富度

公共设施丰富度指的是一个地区或社区内公共设施的种类繁多、数量充足，能够满足居民多样化的生活需求和服务要求，包括交通、教育、医疗、娱乐、休闲等各类设施，其多样性和完备性直接反映了该地区公共服务的质量和居民生活的便利程度（表5-23）。

表5-23　公共设施丰富度评分标准

等级划分	具体等级指标	评分
极好	公共设施种类极少，数量严重不足，无法满足居民基本生活需求	5
好	公共设施种类有限，数量不足，仅能勉强满足部分居民的基本需求	4
一般	公共设施种类较为齐全，数量适中，能够基本满足居民的日常需求	3
差	公共设施种类有限，数量不足，仅能勉强满足部分居民的基本需求	2
极差	公共设施种类极少，数量严重不足，无法满足居民基本生活需求	1

（15）文化延续性

文化延续性是一个涉及文化传承、发展和保持其生命力的概念。它指的是某种文化在历史发展过程中，通过不断传承、创新和适应，得以延续和保持其独特性及影响力的特性。这包括物质文化遗产和非物质文化遗产的代代相传（表5-24）。

表5-24　文化延续性评分标准

等级划分	具体等级指标	评分
极好	城乡文化高度融合，传统与现代文化交相辉映，城乡特色文化得到很好传承与发展，形成独特的文化景观	5
好	城乡文化较好地融合，城乡特色文化在相互尊重的基础上得到传承，有一定的文化交流和互动	4
一般	城乡文化开始尝试融合，有一些城乡文化交流活动，但城乡文化特色尚不够鲜明，融合程度有待加深	3
差	城乡文化融合程度较低，城乡文化交流有限，城乡文化特色差异明显，缺乏有效的文化传承机制	2
极差	城乡文化几乎无融合，城乡文化特色差异巨大，存在明显的文化隔阂，缺乏文化交流和互动	1

（16）文化多样性

文化多样性指的是在城乡空间融合过程中，不同地域、不同社群所特有的文化传统、习俗、艺术形式、生活方式等多元文化元素在城乡景观中的体现与交融，这种多样性丰富了城乡的文化内涵（表 5-25）。

表 5-25　文化多样性评分标准

等级划分	具体等级指标	评分
极好	城乡文化高度融合，多元文化元素丰富且和谐共存，形成独特的文化景观，极具吸引力和影响力	5
好	城乡文化较好地融合，多元文化元素在景观中得以体现，有一定的文化交流与互动，文化特色鲜明	4
一般	城乡文化开始尝试融合，有一些多元文化元素的体现，但融合程度和文化交流尚需加强	3
差	城乡文化融合程度较低，多元文化元素体现不明显，文化交流有限，文化特色较为单一	2
极差	城乡文化几乎无多样性可言，文化元素单一，缺乏文化交流与融合，文化特色不明显	1

第6章
金寨县城乡景观风貌
评价实践

6.1
样本概况及数据来源

6.1.1 样本概况

金寨县拥有独特的自然景观和丰富的文化历史遗产。既保持了传统田园景观与现代农业的融合，梯田、茶园和农田相互交错，构成了独具特色的乡村景观，又有混合发展的重心城区，能够涵盖大部分典型的风貌特征类型，具有较强的可研究性。

金寨县所属的六安市在多个城镇群的战略中均有占位，如合肥都市圈、中原城市群、武汉都市圈。金寨县作为多个城镇群的重要成员，其地理空间区位具有一定的优越性，与安徽、河南、湖北三省空间联系较为便捷。

金寨县发展规划明确了"一心、两圈、三轴、三屏、三区、六点"的总体布局。其中，"一心"指的是金寨中心城区，将作为核心引擎，着力打造大别山枢纽城市、新型工业城市与生态型城市的融合典范。"两圈"则围绕梅山湖与鲜花湖（响洪甸水库）构建生态圈，强化生态保护与可持续发展。

在空间布局上，金寨县通过"三轴"引领产业与城镇发展：东轴以"白塔畈—青山—长岭—天堂寨"为线，中轴贯穿"古碑—花石—果子园—斑竹园—吴家店"，西轴则沿"全军—铁冲—双河—汤家汇—关庙—沙河"展开，形成三条主要的发展轴线。同时，设立"三屏"作为生态安全屏障。

6.1.1.1 自然环境

金寨县的自然环境以其得天独厚的地理位置和丰富的生态资源著称。大别山是中国重要的生物多样性区域之一，金寨县坐落其中，拥有大量的原始森林、清澈的河流、峡谷和瀑布。森林覆盖率高，山峦重叠，形成了如诗如画的自然景观。著名的自然景点包括天堂寨、梅山水库、响洪甸水库等。金寨县的水系发达，河流蜿蜒于山谷间，为当地农业灌溉、生活用水以及自然景观的形成提供了丰富的水资源（图 6-1）。

图 6-1　金寨县自然环境

（1）山

金寨县的山地地貌以连绵起伏的峰峦为主，山势陡峭，沟壑纵横，展现出独特的地形特征。这里的山峰错落有致，海拔差异显著，形成了丰富的立体景观。山间植被繁茂，岩石裸露与绿意交织，呈现出自然与地质的和谐共存，为区域增添了壮丽的自然风貌。金寨县平均海拔为 500m，平均坡降 21%。

（2）水

金寨县属北亚热带湿润季风气候，具有四季分明、气候温和、雨量充沛等特点。金寨县的水系分布广泛，河流蜿蜒流淌，水质清澈透明，展现出良好的生态状态。溪流与山涧交错，形成了丰富的水网系统，为区域提供了充足的水资源。湖泊与水库点缀其间，不仅调节了局部气候，还为周边环境增添了灵动的自然气息，构成了独特的山水画卷。

（3）植被

金寨县位于大别山北部，为亚热带常绿阔叶林向暖温带落叶林交汇地带。金寨县自然环境的丰富性和多样性不仅为当地居民提供了良好的生活条件，同时吸引了大量游客和自然爱好者前来探寻这片大自然的美丽。金寨县有一定的大别山区域绿色发展生态本底基础，天马国家级自然保护区、天堂寨国家森林公园等森林资源是全省乃至长三角地区重要的森林生态安全屏障。金寨县公园绿地为 161.71ha，占城市用地的 6.50%。金寨县城区人均公园绿地面积为 1.93 平方米/人，未达到总规确定的 5.62 平方米/人的目标。绿地广场空间分布不均。

6.1.1.2　建筑环境

金寨县坐落于安徽省西大别山腹地，其传统民居在立面色彩运用上展现出朴素而大方的美学追求，强调墙面材质本色的自然展现。青砖墙体以灰色为主基调，辅以白色勾缝作为点缀，不仅实现了视觉上的和谐统一，还体现了朴实素雅、色泽持久、质感丰富、施工便捷及经济实用的多重优势。

依据建筑年代与保存状况，金寨县村庄内的建筑可大致分为三类：一是年代较近、保存完好的居住建筑，主要分布于村庄主干道沿线及交通便利区域，多为 2～3 层的钢筋混凝土结构，外观良好，采用瓷砖贴面；二是 1～2 层、整体保护一般但结构安全的建筑，多为建设质量稍逊、面积较小的老人住所，以砖混结构为主，外墙裸露，存在门窗、墙体、屋顶等部位的破损；三是损坏严重，甚至部分倒塌或违章建造的建筑物，如建筑质量低下、风貌不佳的 1 层砖瓦房、辅助用房及牲口房等，这些多位于偏远自然村（图 6-2）。

图 6-2　金寨县乡村建筑环境

在建筑高度的分布特征上，金寨县呈现出明显的区域差异性。低层建筑主要集中在梅山老城区与现代产业园区，这些区域因其历史积淀与产业特性，保留了较多的低层建筑形态。相比之下，小高层与高层建筑则更多地分布在江店新城与经济开发区，这些新兴区域随着城市化进程的加速与经济发展的需要，建筑高度显著增加，形成了现代化的城市天际线。

就建筑色彩而言，金寨县不同区域也展现出独特的色彩风貌。梅山老城片区作为城市记忆最为深刻的区域，其建筑色彩以暖色系为主，深、浅黄的咖色系立面与红、黄的红色系屋顶共同构成了老城旧韵的温馨画面，水利设施与街坊生活交织其中，共同诉说着历史的故事。而江店新城片区则以其现代主义简约风格著称，建筑色彩偏向于灰色与浅蓝色系，展现出一种清新、时尚的城市气息。

经济开发区作为金寨县经济发展的重要引擎，其建筑色彩同样以现代主义简约风格为主导。不仅反映了住宅墙面材料的本色或涂料的色彩，也体现了经济开发区追求高效、简洁、现代的审美倾向。这种色彩选择不仅与区域功能定位相契合，也为金寨县的城市发展注入了新的活力与元素（图 6-3）。

图 6-3　金寨县城市建筑环境

6.1.1.3　历史文化

金寨县的历史文化深厚且多样，涵盖了革命历史、民俗文化和宗教文化等方面，是该地区的重要文化基石。在历史文化保护体系中，金寨县主要有传统村落、文物保护单位、历史建筑和非物质文化遗产四类，是鄂豫皖革命根据地的重要组成部分，是安徽省现存革命文物最丰富、最集中的县市。省级以上文物保护单位数量在 61 个县（市）中位列第 9，在皖西地区位列第 1。其中，革命文物约 83 处，占全县文物保护单位的 80%。"一寸山河一寸血，一抔热土一抔魂。"红色是金寨县的本色，是金寨县的根与魂，沿着革命先烈的足迹回望烽火岁月，点亮一段又一段的红色记忆。

金寨县的民俗文化具有鲜明的地域特色，传承了多元的传统习俗。当地居民以汉族为主，长期以来形成了丰富多彩的民俗活动，如春节、清明节、端午节等传统节庆活动，金寨县的舞龙舞狮、花鼓灯、民间剪纸等也具有重要的文化价值（图 6-4）。

图 6-4　金寨县非物质文化遗产

6.1.1.4 旅游资源

金寨县的旅游资源丰富多样，兼具自然美景与红色文化。这里拥有国家 5A 级旅游景区天堂寨，以其壮丽的山川、雄关漫道、茂林修竹、龙潭飞瀑等自然景观闻名遐迩（图 6-5）。

图 6-5 金寨县旅游资源

6.1.2 现状问题分析

（1）环境感知不足，传统风貌缺失

金寨县，一个融合多样生态与深厚文化的地域，其县城、山区、库区与丘陵之间，原本存在着和谐共生的生态环境与村落互动关系，村庄内部格局各具特色，展现了自然与人文的巧妙融合。然而，近年来随着乡村地区建设活动的激增，由于缺乏科学的风貌引导，新增建设往往未能充分感知并利用周边的生态环境，导致乡村原有的肌理遭受到一定程度的破坏。在这个过程中，传统与现代要素在乡村空间中发生了碰撞，但由于乡村景观风貌规划的不科学性，这些要素并未实现有效融合，而是呈现出一种交杂而略显混乱的状态。在建筑风貌层面，一方面，部分传统建筑因缺少必要的维护修缮而显得破败；另一方面，新增建筑要素虽然多元，但缺乏整体性的规划与设计，导致多种建筑风格并存，杂糅在一起，未能形成统一、和谐的乡村景观（图 6-6）。

图 6-6 传统风貌缺失

（2）现有景观不能有效成为系统

金寨县老城区因丰富的河流资源而拥有得天独厚的环境特色。然而，当前滨水空间的可达性却较差，山水景观被人为地隔绝开来，使得这种宝贵资源未能得到充分利用。同时，绿地广场空间在城区内的分布也不均衡，滨水开放空间缺乏足够的休憩和停驻区域，环境小品的设计也缺乏统一性和协调性，这些都影响了老城区整体景观的连贯性和吸引力。此外，老城区还存在标识点分类不明确、标识不清晰以及门户形象不突出等问题，加之景观效果欠佳、两侧建筑形式杂乱无章，使得金寨县的特色未能得到很好的体现和彰显。因此，需对老城区的景观风貌进行科学合理的规划和改造，以充分发挥其河流资源的优势，提升城区的整体品质和特色（图 6-7）。

图 6-7　景观系统隔离

（3）缺乏对村落乡土景观的关注

在传统村落中，这些老房子与村落的自然环境、历史文化紧密相连，共同塑造了富有地域特色的乡村景观。然而，随着现代化进程的推进，许多村落中的传统元素正在逐渐消失，导致原本丰富多彩的乡村建筑风貌变得单调乏味，失去了其独特的魅力和韵味（图 6-8）。

图 6-8　乡村景观现状

6.1.3 数据来源及处理

本实践采用多源数据融合的方法获取基础研究资料，数据来源主要包括三个维度：其一为地理空间数据，涵盖研究区行政边界矢量数据、植被类型分布图、数字高程模型（DEM）及水系网络等基础地理信息；其二为政府公开数据，通过金寨县政务信息平台获取的遥感影像数据集、国土空间规划成果、经济社会统计年鉴以及文化遗产保护名录等官方资料；其三为实地调研数据，包括研究团队通过无人机航拍获取的高清正射影像、地面控制点测量数据以及田野调查记录等一手资料（表6-1）。三类数据通过GIS空间配准与属性关联，构建完整的景观风貌研究数据库。

表 6-1　研究数据来源汇总

数据名称	描述	年份	来源
金寨县行政范围	整个金寨县范围	2020年	根据金寨县政府提供的相关资料整理得出
金寨县国土空间规划	整个金寨县的国土空间规划	2020年	根据金寨县政府提供的相关资料整理
水系	河流/水库/湖泊等	2020年	根据金寨县政府提供的相关资料整理
植被类型	草地/林地/灌木等	2024年	通过 Copernicus Global Land Service 平台获取
土地利用	建筑用地/交通用地/林地等	2020年	根据金寨县政府提供的相关资料整理
高程	陆地高度	2024年	地理空间数据云平台
坡度	不同坡度区域	2024年	根据高程计算
遥感卫星图	金寨县遥感卫星地图	2024年	根据金寨县政府提供的相关资料整理
金寨县现状图	金寨县的现状照片	2024年	现场调研
金寨县历史文物保护单位名录	国家保护单位/省级保护单位/市级保护单位等	2024年	金寨县政府官网

6.2
金寨县城乡景观风貌特征识别及单元划分

6.2.1 景观风貌特征要素提取

金寨县凭借其独特的地理区位、文化基因与生态本底，构建了多维度的景观风貌空间管控体系。在景观要素筛选过程中，采用"特色彰显"原则进行系统性识别，重点解析自然本底与人工营建要素的耦合关系。具体建立三层级分类体系：第一层级为自然地理要素，包含地形坡度、植被群落类型、高程分级、水域系统四类空间变量；第二层级为建成环境要素，涵盖建筑形态表征、垂直维度分布、空间密度梯度及土地利用性质四类建设指标；第三层级为文化遗存要素，单独设立文物保护单位专项控制指标。该分类框架通过"3＋10"的层级结构，系统映射了地域景观的复合特征。

（1）自然环境要素

地形上，金寨县以山地为主，大别山山脉贯穿全境，境内群山起伏，河流交织，千米以上的山峰多达 116 座。全县可划分为中山区、低山丘陵和岗丘平畈三个区域。

拥有丰富的植被资源，境内森林植被茂盛，以落叶与常绿阔叶混交林为主，主要优势树种包括栓皮栎、麻栎、马尾松、杉木、黄山松、板栗、银杏、毛竹、大别山山核桃等。全县林地面积广阔，森林覆盖率高达 75％以上，是少存的植物基因库，奇花异木众多，野生动植物资源丰富，为当地生态保护和可持续发展奠定了坚实基础。

（2）建筑环境要素

本实践采用多源数据融合分析技术，通过遥感影像解译与实地验证相结合的方法，对研究区开展土地利用类型动态优化调整。最终分类结果显示：金寨县林地覆盖率为72.59％，构成区域生态系统的主体基质，其空间分布呈现中低山丘陵区集聚特征，对维系区域生态服务功能和物种多样性具有关键支撑作用。

建筑风貌评价采用"卫星遥感-地面实测"协同分析框架，构建四级分类体系：现代风貌优质区、现代风貌普通区、传统风貌协调区、传统风貌一般。空间分异规律显示：核心区现代建筑集群占主导地位，商业服务设施及新建住宅区风貌控制较好；外围农村聚落保留传统建筑肌理。建筑高度采用四级梯度划分：超高层（＞60m）、高层（36～60m）、小高层（12～36m）、低层（＜12m）。核心区以小高层建筑为主，交通枢纽节点及滨水地带布局高层建筑集群；工业集聚区及城郊过渡带以低层建筑为主，形成"中心集约、外围疏朗"的垂直空间格局。

（3）文化精神要素

作为中国革命史的重要地理坐标，金寨县承载着深厚的红色文化底蕴，被史学界公认为中国工农红军的重要发祥地和开国将军的故乡。基于文化遗产保护体系的系统梳理，本实践通过地理信息系统坐标提取技术，对金寨县文物保护单位空间分布特征进行量化分析。研究数据显示：县域范围内现存国家级文物保护单位 2 处（鄂豫皖革命根据地旧址、程端忠墓），省级文物保护单位 11 处（包括中共鄂豫皖区委员会旧址等革命史迹群），市级文物保护单位 17 处，县级文物保护单位 147 处。鉴于离散点数据的空间表征局限性，采用核密度估计法对文化遗产空间分布格局进行密度表面建模，从而实现对历史文化要素在景观风貌特征分析中的间接量化表征。

6.2.2　景观风貌特征识别及单元划分

本实践基于 ArcGIS 10.6 地理信息平台建立了空间分析模型框架，原始栅格数据采用30m 空间分辨率。针对金寨县城乡景观系统特征，构建了包含自然地理基底要素、人工建成环境要素和文化景观要素的三维评价指标体系。关键技术流程包括：对 DEM 高程数据、坡度梯度、植被覆盖分类、土地利用现状及文化遗产空间分布等核心参数进行栅格重采样处理，并通过空间配准实现与基准网格单元的系统整合，最终采用空间叠加分析方法生成景观风貌要素综合数据集。

在数据分析阶段，运用 SPSS 25.0 统计软件平台实施二阶聚类分析。方法学设计如下：将地形特征参数（坡度、高程）设置为连续变量，景观类型参数（土地利用分类、植被覆盖类型、建筑高度分级、文保等级）设为分类变量。采用最大似然估计法计算类间距离，基于贝叶斯信息准则（BIC）进行聚类方案优化，通过迭代计算确定最优聚类数量，最终输出景观风貌类型分类矩阵。研究结果通过空间连接技术实现 GIS 平台的可视化表达，生成中心城区景观风貌区划专题图。

针对景观风貌单元空间分布呈现的离散化特征及其类型多样性，本实践采用多元边界融合的方法进行单元优化划分。具体而言，通过叠加金寨县村镇行政边界体系、区域交通网络（省县道）空间格局以及自然地理边界（水系、山脊线等）三大空间要素层，构建综合分区框架。基于空间拓扑分析和边界优化算法，最终将研究区城乡景观系统划分为 7 类典型风貌单元，实现景观分类结果的空间整合与制图表达。

6.3
金寨县城乡景观风貌单元特征描述

本实践通过聚类分析将金寨县景观风貌系统划分为 7 个典型类型：丘陵林地型景观单元；乡郊集镇型景观单元；人文历史型景观单元；平原绿地型景观单元；风景文化型景观单元；河流湖泊型景观单元；现代城市型景观单元。基于变量矩阵聚类结果，构建了多维特征描述体系，从空间区位（经纬度范围、高程带）、地形地貌（坡度、坡向）、植被覆盖（ND-VI 指数、优势树种）、土地利用（主导地类、破碎度指数）、水文特征（河网密度、水体面积占比）、文化遗产（文保单位密度、历史建筑占比）以及景观文化（视觉敏感度、特色鲜明度）7 个维度建立标准化特征指标矩阵，实现对各类景观单元系统化和定量化的科学表征。

（1）丘陵林地景观风貌单元

丘陵林地景观风貌单元主要分布在金寨县的南部、西部和中部地区。金寨县的丘陵林地占总面积的 73.65%，具有明显的垂直地势特征，相对高差较大，为多种动植物提供了适宜的生存环境。这些丘陵林地不仅丰富了金寨县的生物多样性，还为当地的农业、林业和旅游业等产业的发展提供了有利条件。金寨县地处北亚热带中段，其丘陵林地的植被种类丰富多样，以落叶与常绿阔叶混交林为主。针叶树主要包括马尾松、杉木、黄山松等。这些树种在金寨县的丘陵林地中占有重要地位，形成了大片的针叶纯林或混交林。阔叶树主要包括栓皮栎、麻栎、板栗、银杏、漆树、毛竹等。这些树种与针叶树混生，构成了金寨县丘陵林地的复杂植被群落。尽管金寨县加强了山体保护力度，但仍存在部分单位和个人受利益驱使，非法占用林地、毁林开垦等现象，对山体造成了破坏。金寨县虽然森林资源丰富，但总体上林分质量不高，用材林单位蓄积、经济林产量和产值都不高，这在一定程度上影响了山体的生态功能和经济效益。

（2）乡郊集镇景观风貌单元

乡郊集镇景观风貌单元多为城乡的结合部，由于金寨县地形起伏，乡郊集镇的高程也会因地理位置的不同而有所差异。一些集镇可能位于河谷地带，高程相对较低，而另一些集镇则可能位于山坡或山顶，高程相对较高。建筑环境较为密集，多数为乡村住宅，大多为商业建筑和公共服务建筑，主要为 2～4 层高，部分公服设施建筑达到 6 层。但也有部分传统建筑风貌得到了较好的保留与传承。这些传统建筑大多采用土木结构，以青砖、灰瓦、马头墙为主要特征，体现了徽派建筑的独特韵味。集镇多依山傍水而建，周边多为农田和林地，山水相依，景色优美。

（3）人文历史景观风貌单元

人文历史景观风貌单元主要分布在金寨县的东北部，金寨县是中国革命的重要策源地之一，被誉为"红军的摇篮、将军的故乡"。境内保存有大量的革命历史遗迹，如红军广场、金寨县革命博物馆、革命烈士纪念塔、鄂豫皖红军纪念园、汤家汇红色旅游区等。金寨县拥有唐、宋、元、明、清历代古建筑 39 处，其中马鬃岭、金刚台、千佛庵、金寨天马为省级重点文物保护单位。

（4）平原绿地景观风貌单元

平原绿地景观风貌单元多为人工公园、自然保护区、生态公园、绿化带及绿道。虽然金寨县并非以平原为主要地貌特征，但其在绿地景观单元的建设上仍然取得了显著成就。通过合理的绿地布局和景观设计，金寨县不仅美化了城市环境，还提升了市民的生活质量。

（5）自然风景景观风貌单元

金寨县拥有众多的自然风景，天堂寨被称作华东最后一片原始森林，是国家级森林公园和国家 5A 级旅游景区。金寨县还拥有马鬃岭、金刚台等众多自然景点。众多的自然风景单元依托当地的地形地貌和植被类型，形成了壮观的自然风景景观。

（6）河流湖泊景观风貌单元

河流湖泊景观风貌单元指金寨县内的水域部分，主要包括河流、水库、湖泊等水体。其中史河是金寨县最重要的河流之一，发源于安徽省金寨县西南的大别山之北麓，流经多个地方，最终在三河尖汇入淮河。梅山水库周围是金寨县的老城区，建筑风貌为现代建筑风格和传统建筑风格相结合，周边的红色文化资源丰富；响洪甸水库地处江淮分水岭，地势南高北低，全属山区，属大别山系，平均海拔 500m，植被率 90%，森林覆盖率 64%。

水库周边多为乔木和灌木相交的丘陵林地，自然风光秀丽，山水交融，形成一幅美丽的风景画。金寨县的整体河流湖泊单元呈现团簇状或带状行列式沿岸线分布，周围是高山丘陵环绕。

（7）现代城市景观风貌单元

现代城市景观风貌单元位于金寨的北部，主要由梅山（老城区）和江店（新城区）组成。这些区域地处大别山腹地，地势相对平坦，交通便利，是金寨县的政治、经济、文化中心。同时，这些区域也紧邻主要交通干线，如沪蓉高速、合武铁路等，便于与外界的联系和交流。单元内建筑风格多样，既有传统的徽派建筑，也有现代化的高楼大厦。并且有较为完善的基础服务设施。绿化多为规则形式的市政绿化。同时，单元内还有红色文化元素。如革命纪念馆、烈士陵园等红色文化景点成为城市景观的重要组成部分，展示了金寨县丰富的历史文化遗产。

6.4
金寨县景观风貌单元评价

6.4.1 指标权重确定及分析

6.4.1.1 指标权重确定

本实践基于专家咨询法获取指标权重，专家组成员（$n=13$）由高校科研人员（46.2%）、规划管理人员（23.1%）、设计实践专家（15.4%）和景观研究人员（15.4%）构成（表6-2），均具备金寨县地域研究经验。采用层次分析法（AHP）的标度体系，通过多轮专家评判确定各指标相对重要性，确保权重分配的科学性与地域适应性。

表6-2　参与指标重要度判别的专家、学者基本信息汇总

类别	专业领域	学历	人数
高校类	从事风景园林教育工作	博士	6
政府类	从事城乡规划管理工作	博士、硕士	3
企业类	从事城乡规划设计工作	硕士	2
研究类	从事风景园林研究工作	博士	2

基于13位领域专家构建的判断矩阵，采用yaahp10.1决策分析平台导入矩阵数据，实施指标权重测算及逻辑一致性验证。经运算得到规范化决策向量，其一致性比率（CR值）均满足<0.1的检验标准。最终通过加权几何平均法集成专家群体决策，获得评价体系各指标的标准化权重系数（表6-3）。

表6-3　城乡景观风貌单元价值评价体系

目标层（A）	准则层（B1~B5）	权重	指标层（C1~C20）	权重
城乡景观风貌单元价值评价 A	自然地理价值 B1	0.3813	气候舒适度 C1	0.046
			水文丰富度 C2	0.0583
			植被覆盖率 C3	0.1078
			地形地貌多样性 C4	0.1692
	景观感知价值 B2	0.2326	景观视觉干扰度 C5	0.0188
			景观色彩多样性 C6	0.0437
			景观构成协调性 C7	0.0909
			自然景观独特性 C8	0.0792
	建筑环境价值 B3	0.1433	建筑色彩和谐性 C9	0.0183
			建筑高度协调性 C10	0.0111

续表

目标层（A）	准则层（B1～B5）	权重	指标层（C1～C20）	权重
城乡景观风貌单元 价值评价 A	建筑环境价值 B3	0.1433	建筑风格地域性 C11	0.0447
			建筑风格统一性 C12	0.0253
			建筑与环境协调 C13	0.0438
	公共空间价值 B4	0.1317	环境整洁度 C14	0.0599
			公共空间多样性 C15	0.0144
			公共建筑多元性 C16	0.0192
			公共设施丰富度 C17	0.0382
	历史文化价值 B5	0.1111	文化延续性 C18	0.0504
			历史古迹丰富度 C19	0.0294
			文化多样性 C20	0.0314

6.4.1.2 指标权重分析

（1）准则层

准则层评分如图6-9所示。

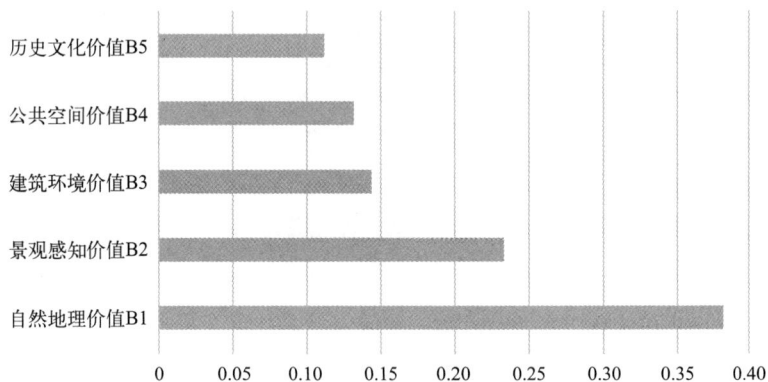

图6-9 准则层评分

从评价准则层面分析，自然地理价值和景观感知价值在五个类别中占据主导地位，显示出它们在此评估中的重要性。相比之下，历史文化价值和公共空间价值则相对被重视程度较低。建筑环境价值则处于中等水平。

（2）指标层

指标层评分如图6-10所示。

对准则层细分的指标层进行分析，各评价因子价值评价的权重排序前五的指标依次是：地形地貌多样性、植被覆盖率、景观构成协调性、环境整洁度、水文丰富度。表明地形地貌多样性、植被覆盖率、景观构成协调性、环境整洁度、水文丰富度对金寨县城乡景观风貌的塑造有着较大的影响。

    ① 自然地理价值（图 6-11）。自然地理层面，地形地貌多样性和植被覆盖率的指标权重较高，说明多样性的地形地貌和高覆盖率的植被更能营造自然环境。此外，水文丰富度和气候舒适度也对城乡景观风貌起到一定的作用。

    ② 景观感知价值（图 6-12）。景观感知层面，景观构成协调性和自然景观独特性的指标权重较高，说明景观感知的营造重在协调的景观搭配，同时拥有特色的自然景观对景观感知有很高的价值。此外，景观色彩的多样性和景观视觉的干扰度也对景观感知起到一定的作用。

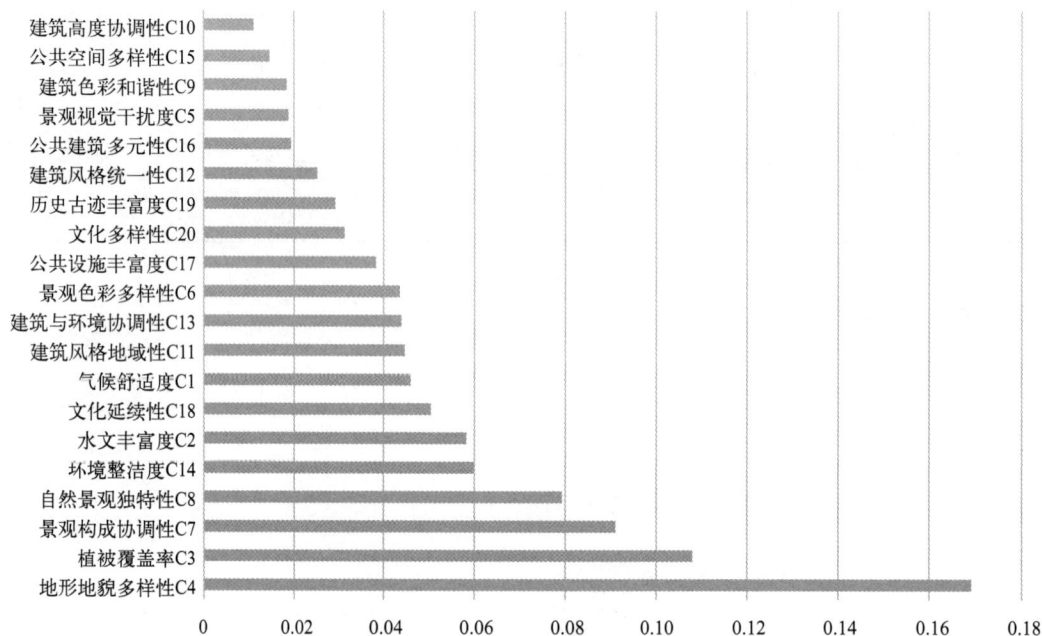

图 6-10　指标层评分

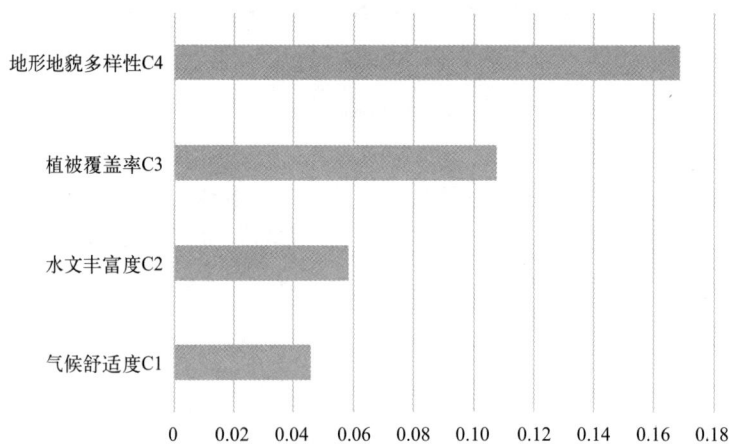

图 6-11　自然地理价值评分

③ 建筑环境价值（图 6-13）。建筑环境层面，建筑风格地域性（C11）的评分最高，凸显了其在评估中的核心地位，这主要归因于地域性能够深刻反映当地文化、气候和材料的独特性。同时，建筑与环境协调性（C13）的评分也较高，表明建筑与环境之间的高度协调，对于推动可持续发展和维护生态平衡具有至关重要的作用。尽管建筑高度协调性（C10）、建筑色彩和谐性（C9）和建筑风格统一性（C12）的评分相对较低，但在整体评估中依然是不可或缺的考虑因素。

④ 公共空间价值（图 6-14）。公共空间层面，环境整洁度（C14）得分最高，公共建筑多元性（C16）与公共空间多样性（C15）得分相近。这表明环境整洁度高可能归因于公共环境维护和管理及公共设施的建设对于公共空间层面至关重要。公共建筑多元性与公共空间多样性对于公共空间的影响较小。

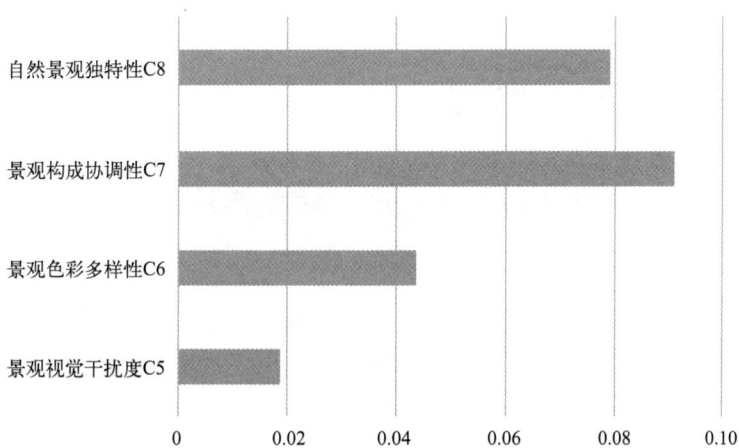

图 6-12　景观感知价值评分

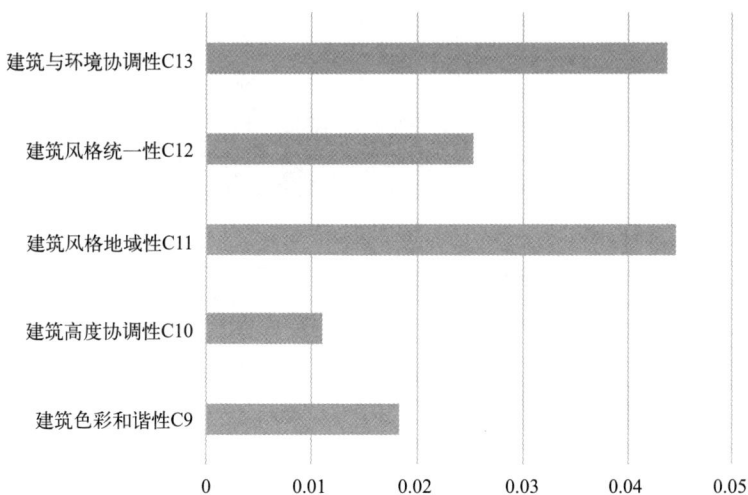

图 6-13　建筑环境价值评分

⑤ 历史文化价值（图 6-15）。历史文化层面，文化延续性（C18）的相关性水平最高，文化多样性（C20）次之，而历史古迹丰富度（C19）则相对较低。这个结果可能归因于文化延续性在反映社区或群体文化认同与传承方面的显著作用，它不仅是文化生命力的体现，也是文化持续影响的关键因素。相比之下，尽管历史古迹丰富度是文化价值的重要组成部分，但在衡量文化的当前影响与作用时，其贡献可能不如文化延续性显著。因此，对于文化的深入研究和有效保护，文化延续性应被视为一个更为核心的考量指标。

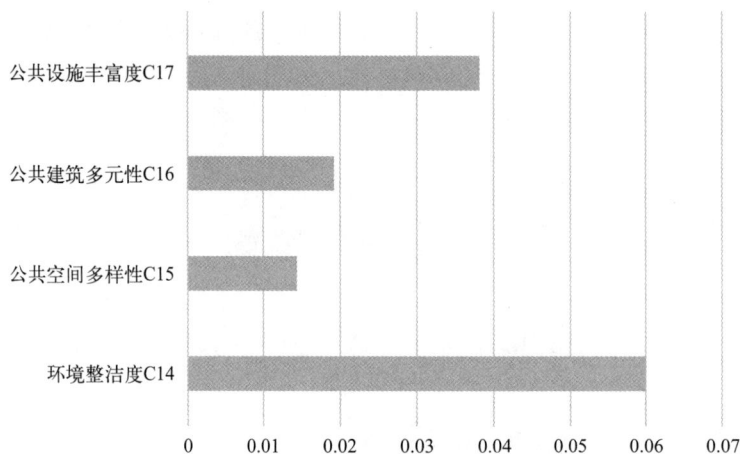

图 6-14　公共空间价值评分

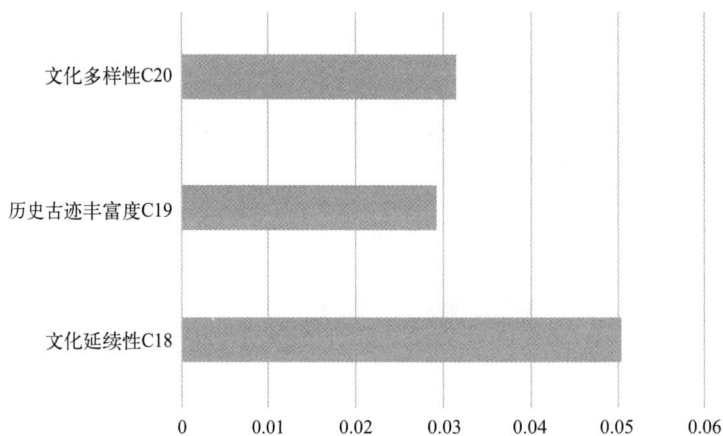

图 6-15　历史文化价值评分

6.4.2　综合评价计算

构建景观风貌单元价值评价体系的核心目标，在于为不同景观类型制定差异化的管控范式。评价实施以景观风貌单元整体系统为分析单元，采用主客观相结合的复合评估方法。针对客观固有值指标，通过多源数据融合技术，综合遥感监测获取的植被覆盖指数、文化遗产空间分布数据，结合实地踏勘验证进行量化赋分。对于主观裁量性指标，设计结构式问卷开展公众参与调查，覆盖研究区 7 类典型景观单元，完成样本量 200 份的问卷发放与回收，其中有效问卷 182 份，样本有效率为 91%，确保评价数据的代表性与可信度。

采用多指标综合评价方法，对固有值指标和自由裁量指标进行标准化集成处理。具体计算过程如下：针对 7 类景观风貌单元，分别计算各单元类型内所有样本在指标层（C1～C20）的算术平均值，以此表征该类景观单元在各评价维度上的综合表现水平。通过此方法实现消除指标量纲差异、整合主客观数据以及建立类型化特征剖面。最终得分矩阵可直观反映不同景观单元类型的优劣势特征分布（表 6-4），其中 A1 为丘陵林地景观单元，A2 为乡郊集镇景观单元，A3 为人文历史景观单元，A4 为平原绿地景观单元，A5 为自然风景景观单元，A6 为河流湖泊景观单元，A7 为现代城市景观单元。

表 6-4　城乡景观风貌单元各指标得分

指标类型	单元类型						
	A1	A2	A3	A4	A5	A6	A7
气候舒适度 C1	4.81	3.96	4.12	4.3	4.88	4.79	4.07
水文丰富度 C2	4.22	3.39	4.12	3.51	4.51	4.81	4.2
植被覆盖率 C3	4.87	3.74	3.79	4.75	4.38	1.79	2.14
地形地貌多样性 C4	3.04	3.14	2.76	3.64	4.57	4.57	3.41
景观视觉干扰度 C5	3.79	3.19	3.69	3.15	3.23	4.29	1.65
景观色彩多样性 C6	3.51	2.74	2.86	4.14	4.57	3.74	2.92
景观构成协调性 C7	3.41	2.91	3.18	3.52	4.51	4.3	3.08
自然景观独特性 C8	3.18	2.3	3.3	3.46	4.91	4.75	4.19
建筑色彩和谐性 C9	4.02	2.34	3.51	3.21	3.81	3.24	2.14
建筑高度协调性 C10	2.91	2.86	3.18	3.2	4.3	4.02	1.88
建筑风格地域性 C11	3.29	2.3	2.97	2.81	3.7	4.3	2.86
建筑风格统一性 C12	3.46	2.18	3.19	2.86	4.34	3.19	2.18
建筑与环境协调 C13	3.37	3.22	4.12	3.31	4.29	3.74	2.91
环境整洁度 C14	4.3	3.62	3.86	4.15	4.45	4.36	4.19
公共空间多样性 C15	4.02	3.2	3.31	3.31	3.47	3.87	4.02
公共建筑多元性 C16	3.84	3.47	3.47	3.15	1.71	1.68	4.36
公共设施丰富度 C17	3.69	2.92	2.86	2.96	1.66	1.64	4.57
文化延续性 C18	4.2	2.35	4.55	2.75	2.92	2.23	2.98
历史古迹丰富度 C19	4.61	2.84	4.83	3.24	2.87	2.31	2.92
文化多样性 C20	3.48	2.41	4.15	2.98	2.76	2.58	2.73

根据指标层 C1～C11 的综合得分，计算出准则层 B1～B5 的单项得分，再结合准则层

权重值计算得出不同类型单元景观风貌评价的总分。计算公式为

$$A = B1 \times 0.3813 + B2 \times 0.2326 + B3 \times 0.1433 + B4 \times 0.1317 + B5 \times 0.1111$$

式中，A 为各类型景观风貌单元价值评价的最终得分，其中 B1 为自然地理价值的得分，B2 为景观感知价值的得分，B3 为建筑环境价值的得分，B4 为公共空间价值的得分，B5 为历史文化价值的得分。

城乡景观风貌单元综合得分见表 6-5。

表 6-5　城乡景观风貌单元综合得分

景观风貌单元/指标层	自然地理价值 B1	景观感知价值 B2	建筑环境价值 B3	公共空间价值 B4	历史文化价值 B5	总得分
丘陵林地景观风貌单元 A1	3.951278	3.381416	3.420043	4.025543	4.104502	3.76940601
乡郊集镇景观风貌单元 A2	3.446816	2.693151	2.474508	3.349213	2.496173	3.013711032
人文历史景观风貌单元 A3	3.423174	3.202295	3.326002	3.453075	4.510521	3.48261501
平原绿地景观风貌单元 A4	4.01355	3.586425	2.995124	3.567455	2.944158	3.590700117
自然风景景观风貌单元 A5	4.544586	4.554697	4.060781	3.135101	2.861298	4.104966091
河流湖泊景观风貌单元 A6	3.84762	4.347826	3.70403	3.127828	2.349788	3.682185727
现代城市景观风貌单元 A7	3.251538	3.313052	2.492624	4.306265	2.893225	3.256192752

6.5
金寨县景观风貌单元评价结果分析

6.5.1　自然地理价值评价

自然地理价值评价结果如图 6-16 所示。

自然地理景观风貌价值评价结果中，自然风景景观风貌单元、河流湖泊景观风貌单元、平原林地景观风貌单元、丘陵林地景观风貌单元综合得分较高，而乡郊集镇景观风貌单元与现代城市景观风貌单元综合得分相对较低。

自然风景景观风貌单元在自然地理价值上独占鳌头，这主要归因于其得天独厚的气候环境，为当地居民提供了卓越的气候舒适度。金寨县独特的地势条件，使得该单元内的丘陵、平原与农田呈现出错综复杂的交错分布，形成了极为丰富的地形地貌多样性。此外，该单元内茂密的乔木、灌木等自然植被覆盖广泛，加之充沛的水文资源，这些要素相互协同，共同构筑了其卓越的自然地理价值。

丘陵林地景观风貌单元和平原林地景观风貌单元的自然地理得分仅次于自然风景景观风貌单元。单元内植被覆盖率较高，自然植被与农田成为其主要特征。同时，它们均拥有丰富的水文条件，这个优势进一步提升了其自然地理价值。

河流湖泊景观风貌单元的自然地理价值也较高。得益于其丰富的水资源，以及河流湖

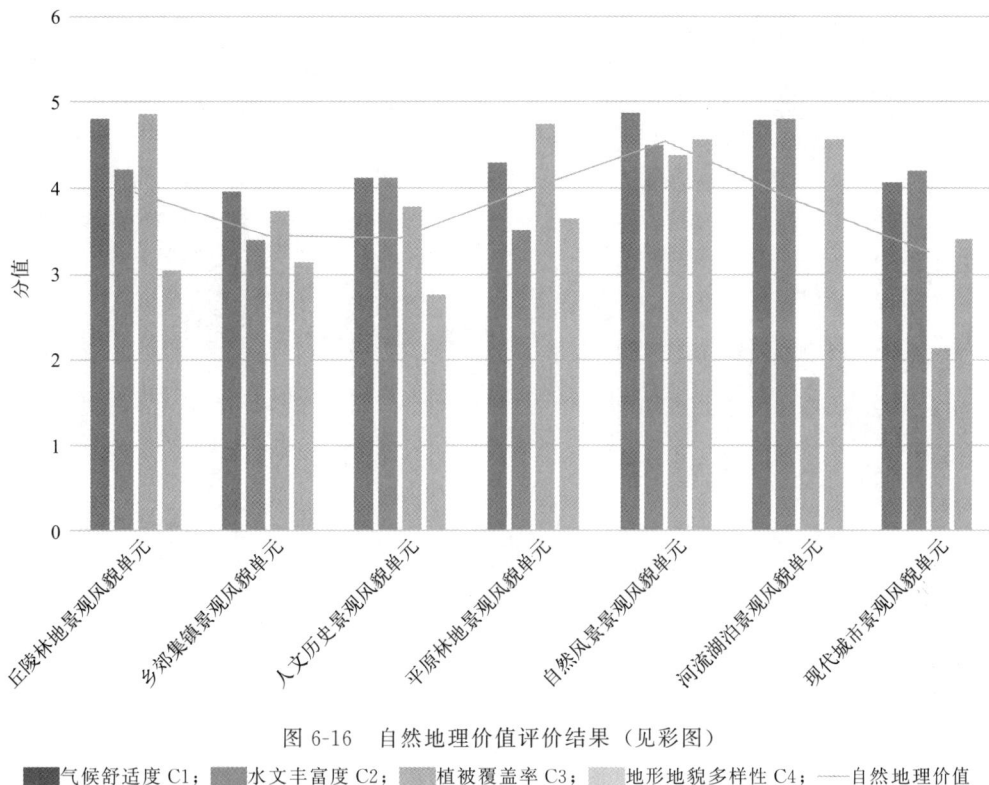

图 6-16　自然地理价值评价结果（见彩图）

■气候舒适度 C1；■水文丰富度 C2；■植被覆盖率 C3；■地形地貌多样性 C4；——自然地理价值

泊周边较高的环境湿度，该单元创造了极为宜人的气候舒适度，从而显著提升了其自然地理价值。

乡郊集镇景观风貌单元、人文历史景观风貌单元、现代城市景观风貌单元的自然地理得分较低。这些景观单元普遍受到较多人为因素的干扰，建筑物、道路及公共服务设施的建设密集，导致其自然地理价值相对较低。

6.5.2　景观感知价值评价

景观感知价值评价结果如图 6-17 所示。

景观感知价值评价结果中，自然风景景观风貌单元和河流湖泊景观风貌单元的综合得分较高。乡郊集镇景观风貌单元和现代城市景观风貌单元得分较低。而丘陵林地景观风貌单元、人文历史景观风貌单元以及平原林地景观风貌单元的得分则处于中等水平，且彼此间未表现出显著差异。

自然风景景观风貌单元和河流湖泊景观风貌单元具有较高的景观感知价值得分，主要归因于它们独特的自然景观特征。自然风景景观风貌单元凭借其特有的山体景观，与河流湖泊景观风貌单元中独特的水体景观，共同构成了金寨县优美的自然景观。单元内多为自然生长的植物，乔木、灌木与草地错落有致，自然分布，展现出鲜明的季相变化与丰富的色彩层次，从而在景观色彩多样性与景观构成协调性方面表现出色，进一步提升了整体的景观感知价值。

丘陵林地景观风貌单元、人文历史景观风貌单元及平原林地景观风貌单元其各自独特

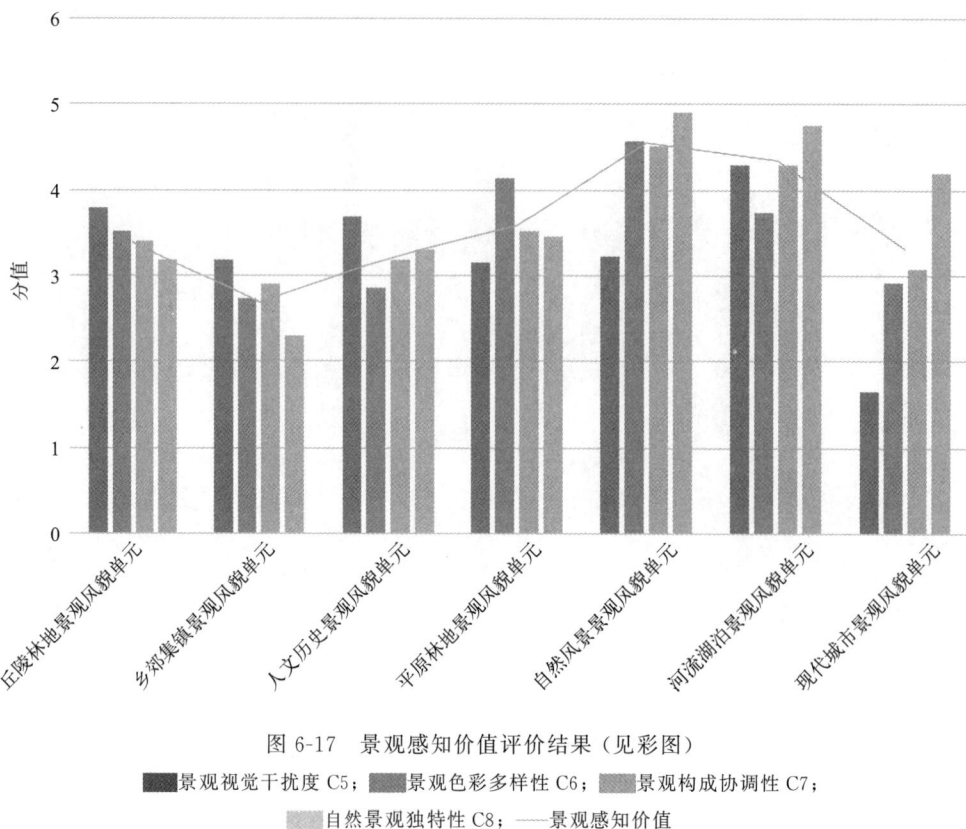

图 6-17　景观感知价值评价结果（见彩图）

█ 景观视觉干扰度 C5；█ 景观色彩多样性 C6；█ 景观构成协调性 C7；

█ 自然景观独特性 C8；——景观感知价值

的自然景观特征，在综合评价中获得了中等得分。丘陵林地景观风貌单元以自然山体景观为特色，人文历史景观风貌单元则蕴含着丰富的自然遗存与红色文化景观，而平原林地景观风貌单元则以其独特的自然农田景观著称。在这些单元内，山体、林地、植被与水体相互镶嵌，形成了协调的景观构成，同时在景观视觉干扰度与景观色彩多样性方面也达到了较高的水平。

乡郊集镇景观风貌单元与现代城市景观风貌单元的景观感知价值较低。这些单元内建筑环境占据主导地位，尤其是现代城市景观风貌单元，高层建筑林立，对天际线造成了显著的干扰，导致景观视觉干扰度增加。同时，由于自然景观的缺乏，这些单元在景观色彩多样性、景观构成协调性以及自然景观独特性方面均表现出较低的水平。

6.5.3　建筑环境价值评价

建筑环境价值评价结果如图 6-18 所示。

自然风景景观风貌单元与河流湖泊景观风貌单元之所以得分较高，主要归因于这些区域内人工建设活动较少，建筑风貌得以保持自然遗存状态，从而有效避免了建筑环境的破坏。这些区域的建筑大多与自然环境和谐共生，生态环境保护状况较好。

相比之下，丘陵林地景观风貌单元、人文历史景观风貌单元及平原林地景观风貌单元的建筑环境得分则处于中等水平。在这些单元内，少量当地居民选择在半山腰或平原林地中造建房屋。然而由于历史原因，这些地区的建设活动缺乏统一的标准和规范，导致建筑

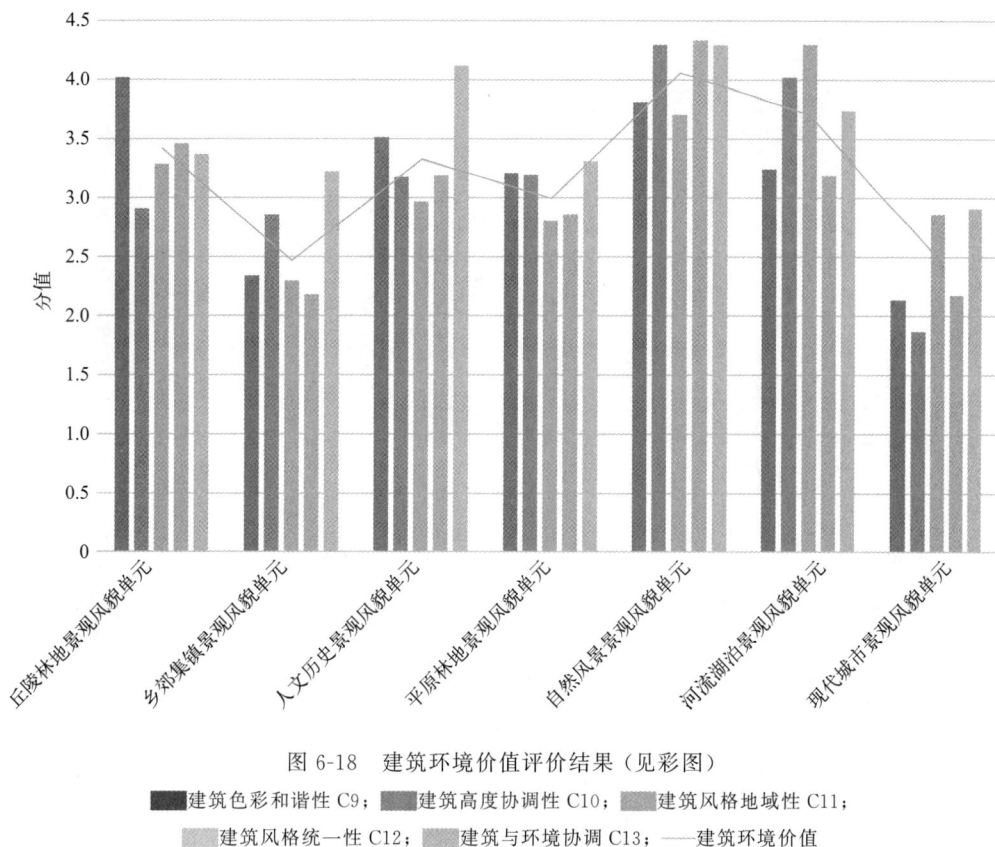

图 6-18　建筑环境价值评价结果（见彩图）

■建筑色彩和谐性 C9；■建筑高度协调性 C10；■建筑风格地域性 C11；
■建筑风格统一性 C12；■建筑与环境协调 C13；──建筑环境价值

环境在一定程度上出现了破坏现象。尽管如此，这些区域仍保留着丰富的自然景观和人文底蕴，具有较大的发展潜力。

乡郊集镇景观风貌单元与现代城市景观风貌单元的建筑环境得分则明显偏低，这主要是由于为了推动当地经济发展和旅游业繁荣，这些区域内建设了大量的建筑。然而，由于缺乏严格的制度规范和统一的建设标准，这些建筑在风貌、色彩和高度上呈现出多样性和不统一性，难以与周围环境实现有效融合。这不仅影响了建筑环境的整体美感，也对当地生态环境和人文景观造成了不利影响。

6.5.4　公共空间价值评价

公共空间价值评价结果如图 6-19 所示。

公共空间价值评价结果中，丘陵林地景观风貌单元与现代城市景观风貌单元综合评分较高，其评分明显高于其他单元类型。这种优势主要归因于这两个单元内较为完善的公共服务设施和公共建筑的多样性，这些设施与建筑的建设旨在满足当地居民的多元化生活与生产需求。

丘陵林地景观风貌单元，尽管地形复杂且生态敏感，但其公共空间价值依然较高，这反映了在生态保护与公共服务设施建设之间取得了良好的平衡。然而，未来在进一步提升公共空间价值时，仍需审慎规划，确保在维护生态环境的同时，满足居民的基本服务

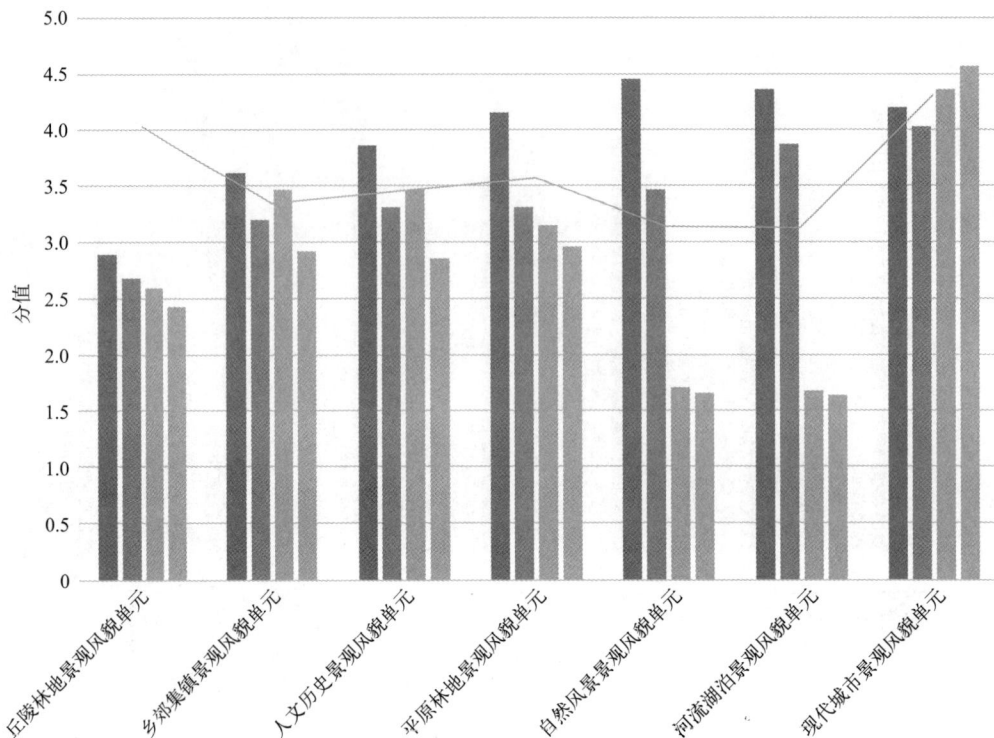

图 6-19　公共空间价值评价结果（见彩图）

■环境整洁度 C14；　■公共空间多样性 C15；　■公共建筑多元性 C16；
■公共设施丰富度 C17；　——公共空间价值

需求。

现代城市景观风貌单元则凭借其高密度的人口分布和完善的城市基础设施，展现出卓越的公共空间价值。其丰富的休闲、娱乐及交通设施不仅满足了居民的多样化生活需求，也提升了城市的整体品质。

相比之下，人文历史景观风貌单元、平原林地景观风貌单元等类型的公共空间价值得分较低，这主要归因于这些区域内自然景观风貌的丰富与居住人口的相对稀疏。在这些单元内，公共服务的建设相对滞后，但自然景观和历史文化资源的保护要求较高。因此，在提升公共空间价值的过程中，需因地制宜，合理规划公共服务设施，同时注重环境保护和历史文化的传承，以实现可持续发展。

6.5.5　历史文化价值评价

历史文化价值评价结果如图 6-20 所示。

作为红色文化的重要发源地，金寨县的人文历史景观单元汇聚了大量珍贵的历史文化遗产。这些遗产不仅见证了金寨县悠久的历史进程，还深刻体现了其独特的红色文化底蕴。与此同时，金寨县广泛分布的丘陵地形为红色文化遗产的孕育与保存提供了得天独厚的自然条件，使得丘陵林地景观风貌单元同样成为历史文化价值的重要载体。尽管这两个景观单元在非物质文化遗产方面表现出色，但在非物质文化遗产的多样性和品牌知名度方

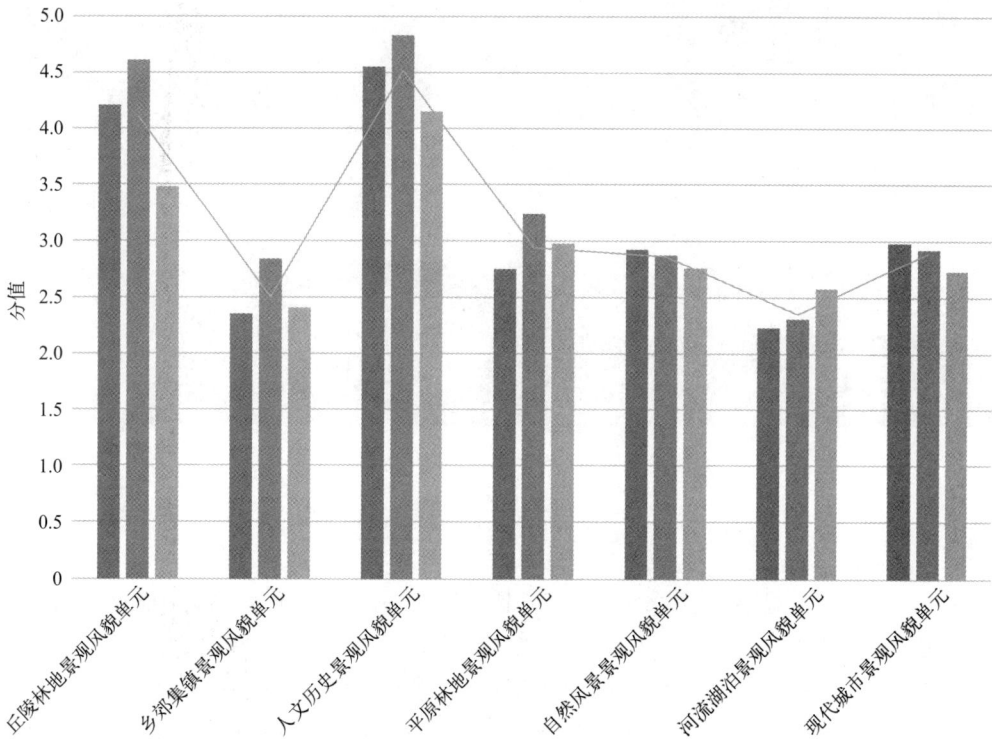

图 6-20 历史文化价值评价结果（见彩图）

■ 文化延续性 C18； ■ 历史古迹丰富度 C19； ■ 文化多样性 C20； —— 历史文化价值

面仍有较大的提升空间。非物质文化遗产作为文化传承的重要组成部分，其丰富性和知名度对于提升景观单元的整体历史文化价值具有不可估量的作用。

在其他景观风貌单元中，由于历史文化遗产的稀缺性，导致其在历史文化价值评估中的表现相对较低。然而，这并不意味着金寨县整体历史文化资源的匮乏；相反，金寨县仍然拥有丰富的历史文化资源，这些资源在不同程度上散落于各个景观风貌单元之中。

第7章
金寨县景观风貌优化策略

城乡风貌作为宏观层面的系统性规划工具，其非法定属性导致实施层面存在系统性断层，难以形成精准的空间映射。本章提出"分乡镇分类"的景观风貌单元式管控框架，通过景观特征识别将县域划分为异质性的风貌单元，构建"特征识别-价值评价-策略响应"的技术路径。该体系以乡镇行政边界为实施单元，建立风貌类型与价值评估的关联机制，确保管控策略的空间落地性。

依据景观基质特征进行单元区划，形成覆盖全域的景观风貌单元矩阵。通过价值评价模型对各单元进行特色性评估，建立类型化管控策略库。以乡镇为实施主体，将单元管控策略转化为具有行政约束力的实施导则。该体系创新性地构建了"全域单元划分-类型价值评估-属地策略转化"的三级传导机制，既保持景观类型的特色化发展，又实现行政单元的协同管控，形成"类型差异化"与"空间协同化"的双重目标。

7.1
景观风貌单元优化策略

7.1.1 丘陵林地景观风貌单元

金寨县域主体属于丘陵地貌单元，森林生态系统为其基质性景观构成要素，承载着重要的生态系统服务价值。针对此类高敏感性的生态基质，应采用低干扰性开发范式，重点维系山体原生植被群落与地形地貌特征，构建以自然基底保护为核心的生态安全格局（表7-1）。

表 7-1　丘陵林地景观风貌单元管控导则

管控要素	管控策略
山体	① 对地质灾害区域以及植被受损区域进行修复，采取工程加固、土壤改良、植被恢复等手段，恢复山体的生态功能和自然景观

续表

管控要素	管控策略
山体	② 提高山体空间的可达性,加强与城市公共交通和步行系统的衔接性。修建登山步道、观景平台等服务设施,为市民提供接近自然的途径 ③ 依托山体的自然资源禀赋,发展生态休闲、文化旅游、康养等产业。通过合理规划和布局,提升山体的经济价值和社会效益
植被	① 应遵循现行规划体系划定山体生态保育边界,重点维系山体原生植被群落与地形地貌特征,强化林地资源监管,严格禁止破坏性开发行为 ② 通过林相改造工程优化植被垂直结构,培育季相特征鲜明的风景林带,构建具有地域特色的森林景观系统
山脚	① 在山地与农田系统交界处配置彩叶植物群落,强化地形边缘线的视觉识别特征 ② 在水陆生态系统交错带设置生态友好型木质步道,构建水生-陆生植物过渡带,形成生态缓冲景观界面
历史文化	① 历史文化遗产开发应严格遵循原真性保护原则,控制新增建设规模,避免过度商业化配套设施破坏遗产环境 ② 重点文物保护单位实施坐标定位保护,同步推进系统性修复工程,并建立多维度文化传播机制强化公众教育
建筑	① 乡村聚落布局应顺应地形地貌,采用阶梯式组团布局,最大限度减少对自然山体轮廓的视觉干扰 ② 山脚区域建筑限高 9m(3 层),立面风格需符合徽派建筑特征,屋面采用青灰色坡屋顶形式,严禁使用彩钢板等非传统材料 ③ 生态敏感区内受限制的自然村落,实施梯度搬迁政策,引导村民向基础设施完善的集中居住区有序转移

7.1.2　乡郊集镇景观风貌单元

乡郊集镇区聚落景观单元主要涵盖县域各建制镇及梅山镇历史城区,其核心构成要素包括农村居民点用地、传统建筑风貌遗存、农耕生产用地及水域系统。构建镇域整体风貌协调机制,重点塑造具有场所精神的公共领域。实施村居环境综合整治工程,推进道路界面生态化改造,建立新建建筑风貌与既有环境特征的耦合机制。建立文化遗产双轨保护体系,既保护物质遗产的真实性,又传承非物质文化遗产的活性,实现历史文脉的可持续转移(表 7-2)。

表 7-2　乡郊集镇景观风貌单元管控导则

管控要素	管控策略
建筑	① 镇区建设宜采用低层、小体量建筑布局,通过开放式街坊空间组织和地域性建筑语汇,强化场所特色。建筑高度建议控制在 12m 以下,形成尺度宜人的空间形态 ② 建筑屋顶建议选用赫红、深灰等低彩度色系,通过平改坡、增设夹层等手法优化第五立面形态,提升整体风貌协调性。色彩明度宜控制在 5 以下,彩度不超过 3

管控要素	管控策略
公共空间	① 在镇区门户节点、公共活动广场、街角口袋公园、社区服务中心等关键空间,实施景观提质工程,构建以绿化开敞空间为核心的节点系统,并与公共交通设施、地标性景观、康体设施建立空间耦合关系 ② 公共活动空间宜种植地域性特色农作物,既形成装饰性景观肌理,又满足居民季节性活动需求
农田	乡郊集镇区外围的平坝条田景观,可通过大地艺术化手法进行图案化设计,提升生产性景观的观赏价值
历史文化遗产	① 针对宗祠、戏台等传统建筑遗产,应制定专项保护方案,重点对具有文化价值的特色院落开展修缮和风貌修复,实现保护与品质提升 ② 保护工作需遵循真实性原则,优先修复体现地域特色的典型历史建筑,同时改善基础设施与环境品质,延续其历史文化价值

7.1.3　人文历史景观风貌单元

人文历史景观风貌单元多为金寨县的红色历史文化遗产,传统历史建筑,以及具有当地特色的旧宅建筑。整体导控策略为:以保护红色文化资源的完整性为目标,通过分类管理、精细化管控、居民参与、新旧风貌协调及非物质文化要素保护等手段,实现人文历史景观风貌单元的整体保护和可持续发展(表7-3)。

表 7-3　人文历史景观风貌单元管控导则

管控要素	管控策略
建筑风貌	① 鼓励在建筑设计中融入传统建筑元素和地域文化特色,如传统屋顶、门窗、装饰等,以增强建筑的历史文化韵味 ② 建立建筑风貌审查制度,确保建筑风貌符合保护规划要求,避免出现与人文历史景观风貌单元不符的建筑风格和元素
公共空间	根据人文历史景观风貌单元的特点和需求,合理布局公共空间的功能区域,如休闲区、文化展示区、活动区等,以满足公众的不同需求
历史文化遗产	① 根据历史文化遗产的价值和现状,实施分类保护策略,对不同类型的文化遗产采取不同的保护措施 ② 在保护的前提下,探索历史文化遗产的活化利用方式,如开发文化旅游、举办文化活动等,以发挥文化遗产的社会效益和经济效益

7.1.4　平原林地景观风貌单元

金寨县地貌类型以丘陵为主,林地生态系统构成区域景观基质,具有重要的生态服务功能。基于生态敏感性分析,建议对该类区域实施严格的开发管控,采用低影响开发模式,重点维护山体轮廓完整性和植被群落稳定性。县域内平原林地主要分布于山间盆地与低山丘陵过渡带，地形坡度较缓。这类地形条件既塑造了特殊的生态过渡带特征，又对土地利用方式形成显著制约，具体表现为影响植被群落分布格局、制约农业生产适宜性以及形成独特的生态边缘效应（表7-4）。

表 7-4　平原林地景观风貌单元管控导则

管控要素	管控策略
地形地貌	① 对高水位地区、湿地和水系周边地区进行严格的土地开发控制，避免过度开发和污染 ② 规划生态绿地和森林保护区，保持自然地形和景观的原貌，确保生态功能和景观价值
植被	① 加强林地保护措施，限制大规模的伐木和采矿活动，避免破坏森林生态系统 ② 在实施城市或乡村建设时，合理设置生态绿带，优先保护本土物种，恢复受损植被
水体	① 严格控制水源地及水域周边的土地开发，避免对水质的污染和水源的过度开采 ② 建立雨水管理系统，采用生态湿地恢复技术，增强水土保持和水源涵养功能
景观感知	① 在规划时考虑季节性景观的变化，适时实施生态恢复项目，强化季节性景观的保护 ② 在规划建造时，考虑天际线的保护，确保景观视觉的干扰度
历史文化遗产	① 在规划时考虑季节性景观的变化，适时实施生态恢复项目，强化季节性景观的保护 ② 支持传统村落和民俗文化的保护与传承，通过合理的规划将其融入现代化发展过程中

7.1.5　自然风景景观风貌单元

金寨县的自然风景景观风貌单元类型丰富，山地、森林、水体、田园等构成了其多样化的自然景观体系。这些单元在统筹规划中应注重生态保护与景观利用的平衡，体现金寨县的自然特色和文化底蕴。金寨县的自然景观将继续在生态保护和旅游发展中发挥重要作用，为城乡融合发展提供生态支撑和景观支持（表7-5）。

表 7-5　自然风景景观风貌单元管控导则

管控要素	管控策略
植被	① 设立生态保护区，避免过度旅游开发进入这些区域，确保生物多样性得到保护 ② 通过生态修复措施恢复受损的植被，推广可持续的旅游方式（如低影响旅游），减少游客活动对植物和土壤的负面影响 ③ 在景区内增设生态教育功能，增强游客的环保意识，引导其遵循"无痕山林"原则
水体	① 在景区内设立专门的水质监测与保护机制，确保水体不受污染，防止排放废水或污染物 ② 对水系周围进行严格的限制开发，尽量避免在水源地和湿地区域建设商业设施 ③ 设立水域保护区，设置游客进入限制，开展生态修复工作，恢复水生态系统的自我调节能力
历史文化资源	① 加强对历史文化遗产、传统村落和民俗文化的保护，避免因过度旅游开发而导致文化遗产的破坏 ② 推动文化与自然景观的有机结合，如通过文化展示、民俗表演等形式提升游客的文化体验，同时保护本土文化

管控要素	管控策略
景观感知	① 在规划时考虑季节性景观的变化，适时实施生态恢复项目，强化季节性景观的保护 ② 严格控制景区内建筑物的高度、外观风格和色彩，确保它们与自然景观相融合。例如，在山区或森林中，建筑应采用低调、自然的设计，避免冲突和破坏自然景观

7.1.6 河流湖泊景观风貌单元

金寨县水系资源丰富，主要河流包括史河、西淠河等 7 条流域性河流，以及梅山水库、响洪甸水库 2 座大型人工水体，共同构成县域重要的水文网络系统。这些水域生态系统具有三方面显著特征：一是生物多样性指数较高，植被群落结构复杂；二是生态服务功能多元，兼具水源涵养、气候调节等自然生态功能和灌溉、发电等社会经济功能；三是环境本底状况优良，水质指标普遍达到两类以上标准。基于其生态敏感性，该类景观单元应纳入优先保护范畴（表 7-6）。

表 7-6　河流湖泊景观风貌单元管控导则

管控要素	管控策略
水体	① 构建水质安全管理体系，实施周期性水质监测预警与流域水质规划 ② 在岸线外延 1000m 生态敏感区内实施排污禁令，严格控制工业废弃物与生活垃圾排放，有效截断水体污染源 ③ 强化河道环境保护，严禁废水直排与垃圾堆积行为
岸线	① 依据生态保育边界划定成果，对侵占湖泊、湿地的耕地及低质农田实施生态退耕，确保湿地面积动态稳定 ② 推进湖岸退耕还林工程，在湿地外围构建生态屏障林带，强化水土保持功能，提升湖泊调蓄能力 ③ 对裸露河床进行生态重构，培育耐水性灌木群落，形成具有固土护坡功能的生态界面
植被	构建陆域、水域梯度生态景观带，配置乔木、灌木、挺水植物、沉水植物的复合植被系统，形成层次丰富的湿地景观
建筑	① 延续传统"依山面水"的聚落空间格局，确保建筑组群与山水格局的形态耦合 ② 民居建筑应采用白墙红瓦的地域风格，保持建筑风貌的连续性，彰显地域文化特色。鼓励发展特色民宿产业，完善旅游接待功能
历史文化遗产	① 对历史文化遗产保护范围内的不协调建构筑物实施拆除，同步开展电力设施、广告标识的景观化整治 ② 在红色文化资源富集区，经批准后可在建设控制地带适度发展文化遗产旅游，严格控制建设强度与空间尺度

7.1.7 现代城市景观风貌单元

金寨县的现代城市景观风貌单元既体现了其丰富的自然生态资源和历史文化积淀，又展示了现代化城市建设的成果。在统筹规划这些风貌单元时，应注重自然、文化与现代化建设的融合，在保护生态环境的同时提升城市景观品质，推动城乡一体化发展（表 7-7）。

表 7-7 现代城市景观风貌单元管控导则

管控要素	管控策略
公共空间	① 合理布局城市公共空间，如广场、公园、绿地等，满足市民休闲、娱乐、健身等需求，提升城市生活品质 ② 完善城市公共设施配置，如交通设施、市政设施、服务设施等，确保城市功能的完善性和便捷性
山水格局	① 提倡"融山水"，即在城市规划中充分融入和突显金寨县的山水特色，保护自然山水资源，避免过度开发破坏 ② 构建包括山系格局、水系格局、绿网体系在内的山水格局体系，保护自然生态环境，提升城市生态品质
建筑风貌	① 根据金寨县的历史文化和地域特色，确定城市主色调和辅助色，确保城市色彩与整体风貌相协调 ② 鼓励采用具有地域特色的建筑风格，避免过度追求现代化和西洋化，同时注重建筑风格的多样性和统一性
植被	① 加强城市绿化建设，提升城市绿地面积和绿化质量，打造宜居宜业的城市环境 ② 对受到破坏的植被区域进行生态修复，采用植树造林、植被恢复等措施，恢复植被的生态功能 ③ 对现有的绿地、公园、林带等植被覆盖区域进行严格保护，禁止任何形式的非法侵占和破坏行为

7.2
各乡镇管控策略实施导则

各乡镇均拥有独特而丰富的景观风貌单元，展现了自然界的多样性和人文历史的深厚底蕴。长岭乡、天堂寨镇、燕子河镇等地的丘陵林地与平原林地交相辉映，为生态林业和乡村旅游提供了得天独厚的条件。吴家店镇、斑竹园镇、南溪镇等，则融合了风景文化景观，展现了自然景观与人文历史的和谐共生。果子园镇、双河镇等平原林地丰富，是发展生态林业和绿色农业的理想之地。同时，一些乡镇还拥有独特的河流湖泊景观，如张冲乡、关庙乡、麻埠镇等，水乡特色鲜明，为生态旅游和水上活动提供了广阔空间。古碑镇、江店镇等则以其丰富的人文历史景观著称，见证了历史的变迁和文化的传承。

此外，梅山镇作为金寨县的老城区，集合了现代化城市景观单元、风景文化景观单元、乡郊集镇景观单元、河流湖泊景观单元，将现代城市景观与自然景观、文化遗产巧妙融合，展现了城市的独特魅力。而沙河乡、全军乡、白塔畈镇等，则以其乡郊集镇景观为特色，展现了乡村的宁静与和谐。各乡镇应充分利用其景观风貌单元的优势，推动生态、经济和文化的协调发展，共同描绘一幅美丽的城乡景观统筹的画卷（表 7-8）。

表 7-8　乡镇景观风貌管控导则

乡镇	所占景观风貌单元类型	管控策略
长岭乡	丘陵林地景观风貌单元、平原林地景观风貌单元	保护丘陵和平原林地生态，促进生态林业发展，加强森林防火和生态恢复
天堂寨镇	丘陵林地景观风貌单元	结合丘陵林地和风景文化景观，发展生态旅游，保护自然景观和文化遗产，提升旅游服务质量
燕子河镇	丘陵林地景观风貌单元、平原林地景观风貌单元	平衡丘陵林地和平原林地的保护与发展，推广生态农业，促进林业与农业的融合发展
吴家店镇	丘陵林地景观风貌单元、平原林地景观风貌单元、乡郊集镇景观风貌单元	综合保护丘陵林地、平原林地、风景文化景观和乡郊集镇景观，打造多元文化旅游小镇，加强集镇风貌整治和提升
果子园镇	平原林地景观风貌单元	重点保护和发展平原林地，推广生态林业技术，提高林地经济效益和生态效益
花石乡	丘陵林地景观风貌单元、平原林地景观风貌单元	统筹丘陵林地和平原林地的保护，发展林业经济，加强生态教育，提高居民环保意识
斑竹园镇	平原林地景观风貌单元	结合平原林地和风景文化景观，发展特色农业和乡村旅游，保护自然景观和文化遗产
沙河乡	丘陵林地景观风貌单元、乡郊集镇景观风貌单元	保护丘陵林地生态，加强乡郊集镇风貌整治，提升集镇居住环境和旅游吸引力
南溪镇	平原林地景观风貌单元	利用平原林地和风景文化景观资源，发展生态旅游和文化产业，促进经济多元化
古碑镇	人文历史景观风貌单元、平原林地景观风貌单元、乡郊集镇景观风貌单元	综合保护人文历史景观、平原林地、风景文化景观和乡郊集镇景观，打造历史文化名镇，加强文化遗产保护和利用
青山镇	丘陵林地景观风貌单元、平原林地景观风貌单元、乡郊集镇景观风貌单元	统筹丘陵林地、平原林地和乡郊集镇景观的保护与发展，推广绿色建筑和生态居住理念
张冲乡	丘陵林地景观风貌单元、平原林地景观风貌单元、河流湖泊景观风貌单元	保护丘陵林地和平原林地生态，合理利用河流湖泊资源，发展水乡特色和生态旅游
关庙乡	丘陵林地景观风貌单元、平原林地景观风貌单元、河流湖泊景观风貌单元、乡郊集镇景观风貌单元	综合保护丘陵林地、平原林地、河流湖泊和乡郊集镇景观，打造生态宜居小镇，加强生态环境治理和保护
汤家汇镇	丘陵林地景观风貌单元、平原林地景观风貌单元	保护丘陵林地和平原林地生态，发展林业经济和生态农业，提高居民生活水平
双河镇	平原林地景观风貌单元	重点保护和发展平原林地，加强生态林业建设，提高林地生态功能和经济效益

乡镇	所占景观风貌单元类型	管控策略
铁冲乡	丘陵林地景观风貌单元	保护丘陵林地生态，加强森林防火和生态恢复，推广生态林业技术
全军乡	丘陵林地景观风貌单元、平原林地景观风貌单元、乡郊集镇景观风貌单元	统筹丘陵林地、平原林地和乡郊集镇景观的保护与发展，打造生态宜居和乡村旅游示范镇
梅山镇	现代城市景观风貌单元、平原林地景观风貌单元、乡郊集镇景观风貌单元、河流湖泊景观风貌单元	结合现代城市景观、平原林地、风景文化景观、乡郊集镇和河流湖泊资源，打造宜居宜业宜游的现代化城市
江店镇	人文历史景观风貌单元、现代城市景观风貌单元	保护人文历史景观，发展现代城市景观，促进文化与城市的融合发展，提升城市品质和文化内涵
油坊店乡	丘陵林地景观风貌单元、平原林地景观风貌单元、乡郊集镇景观风貌单元、河流湖泊景观风貌单元	综合保护丘陵林地、平原林地、乡郊集镇和河流湖泊景观，发展生态旅游和乡村经济，提高居民生活质量
麻埠镇	丘陵林地景观风貌单元、平原林地景观风貌单元、河流湖泊景观风貌单元	保护丘陵林地、平原林地和河流湖泊生态，发展水乡特色和生态旅游，加强生态环境保护和治理
白塔畈镇	平原林地景观风貌单元、乡郊集镇景观风貌单元	保护平原林地生态，加强乡郊集镇风貌整治和提升，打造生态宜居小镇
槐树湾乡	平原林地景观风貌单元	综合保护平原林地、河流湖泊和风景文化景观，发展生态旅游和文化产业，促进经济可持续发展

第8章

城乡景观风貌统筹规划
实践案例分析

8.1
乡土景观风貌实践案例分析

8.1.1 项目概况

（1）区位分析

本项目选址于安徽省六安市金寨县南溪镇丁埠村的李集老街。南溪镇位于金寨县西南部，地处大别山腹地，距县城约55km，东邻槐树湾乡、古碑镇、斑竹园镇，南接果子园乡，西界关庙乡与汤家汇镇，北连双河镇与桃岭乡。丁埠村位于南溪镇东南部，北接余山村、吴湾村、横畈村，南邻果子园乡与花石乡，东连门前村，距南溪镇政府约10km。作为典型的山区与库区结合部村落，丁埠村地形起伏较大，生态资源丰富，景观格局呈现出农业用地、林地与水域交织分布的特征，为乡村景观的乡土性保护和更新提供了良好的基础条件。南溪镇作为区域发展的重要节点，政府治理体系的完善和职能的有效发挥，将成为项目规划落地的重要保障。

（2）交通分析

丁埠村的对外交通形式较为多样，依托G42沪蓉高速、245省道和445省道，构建了较为便捷的区域交通网络。从村庄出发，至南溪镇镇区约15min车程，至金寨县城约1h车程，至六安市约1.5h车程，区位可达性较强。此外，丁埠村已开通城乡公交线路，进一步优化了村庄对外交通的便捷性和通达水平，为区域联动与乡村发展提供了有力支撑。现状道路除省道、县道为沥青路面外，其余道路均为水泥路面，如图8-1所示。居民点之间的联系道路基本已经畅通，存在部分路面坑洼不平、无路灯照明等情况。

（3）资源分析

丁埠村全域面积约33.3平方千米，资源禀赋优越，自然条件多样。全村耕地面积

图 8-1　现状省道

2929.24 亩，山场面积 30721.76 亩，林业资源丰富，森林覆盖率高达 95.3%。水利资源也较为充足，村域内拥有黄庄水电站与甲河水电站，总库容量达 68 万立方米，日均发电量达 1.3 万千瓦；此外，光伏和风力等清洁能源设施已建成并投入运营，为村庄可持续发展提供了能源支撑。

近年来，丁埠村以精品示范村建设为引领，深入推进农村人居环境综合整治工作，建成了 11 个美丽宜居自然村庄。依托"马丁公路"的区位优势，打造高品质露营基地；基于龙井沟的生态资源，规划建设生态健身步道，并配套开发多元化游乐项目。村域内逐步形成以农家乐、垂钓园、生态农庄、花海步道、农事体验园为核心的乡村旅游体系。

（4）现状分析

丁埠村在政府主导下，通过"乡村振兴示范村"项目的实施，人居环境逐步优化，乡村整体面貌发生显著变化。然而，在治理实践中，仍存在诸多亟待解决的问题，包括乡村建设评价机制的缺失、治理主体责任的模糊化以及村民参与度不足等核心难题。具体而言，村民对建筑保护与乡村景观优化的主体意识较为薄弱，公共事务中更倾向于被动接受政府主导的方案，主动参与的意愿和能力有限。这种状态使公共设施的维护与乡村治理过度依赖外部资金和政策支持，缺乏内生动力和长效机制，制约了村庄发展的可持续性。

李集老街依山而建，其布局与自然地形的起伏紧密结合，形成了鲜明的地方性空间格局。作为明清时期连接武汉与河南的重要古驿道，李集老街一度繁荣，承担了区域商贸与交通的重要功能。然而，随着现代交通网络的重构及人口大规模外迁，老街逐步衰败，传统功能退化，其历史价值和乡土文化特征却仍较为鲜明。老街建筑以夯土墙和砖石结构为主，展现了乡村聚落因地制宜的建造智慧和对本地资源的高效利用。然而，长期缺乏维护导致建筑结构普遍老化，墙体风化、屋顶瓦片脱落的现象十分常见，部分房屋接近坍塌，如图 8-2 所示。残破的建筑与随意生长的植被交织，展现了一种独特的乡村衰退样貌。

环境方面，街道与院落杂草丛生，空间管理缺失，整体利用率极低，进一步强化了废弃氛围。少量堆积的瓦片、柴火等痕迹表明部分建筑尚在局部使用，但功能更多限于基础的生活生产活动，无法支撑活跃的社区空间，如图 8-3 所示。部分倒塌的石砌围墙则保留了历史印迹，为街区特征的再现提供了可能。

图 8-2　改造前建筑现状

图 8-3　改造前环境现状

　　李集老街的整体空间格局依托自然地形，与周边植被环境形成了较高的和谐度，如图 8-4 所示。山地地形的复杂性虽塑造了独特的生态关系，却因建筑结构老旧，显著增加了修缮与利用的技术难度。老街的现状不仅展现了乡村建筑的地方特色，也反映了人口迁移背景下乡村空间逐步衰退的过程。

图 8-4　场地现状

8.1.2 设计策略

8.1.2.1 规划理念

（1）利用闲置农房改造，盘活闲置资源

秉持"不大拆大建"的原则，通过对村庄闲置农房和宅基地的改造，发展民宿、特色餐饮等乡村旅游产业，盘活乡村闲置资源。在利用过程中，注重保留建筑与土地的乡土性特征，避免破坏原有的乡村景观格局，延续其空间的地方性与文化记忆。

（2）坚持乡土文化，产业融合，功能复用

通过挖掘乡土文化并将其融入改造设计，实现产业融合与功能复合，既保持乡村空间的地方性特征，又为其注入新的活力。在有限的建筑体量下，通过改造赋予传统建筑多样化功能，如文化展示、社区服务与旅游接待，使乡村景观在保护中得到再利用。

（3）轻介入、小切入，运营前置、示范先行

改造策略强调轻介入与小切入，从局部示范入手，在整体规划的基础上逐步推进。合理布局既避免过度干扰乡土景观，也为其可持续性提供支持。同时，通过文艺元素的植入和场景化设计，增强空间的文化感染力与视觉吸引力，使乡村景观具有传播力与辨识度，为乡村文旅项目的快速推广提供可能。

8.1.2.2 提升路径

以乡土性为核心，通过挖掘红色文化内涵和桑蚕主题资源，结合山林自然生态特色，构建具有地域特征的乡村景观。景观建设注重依托现有的自然环境和传统农耕文化，通过最小化的人工干预保留和优化乡土景观，避免现代化开发对乡村整体风貌的破坏。在设计中融合"红色"和"生态"等元素，彰显乡村文化记忆和地域特性，使景观在功能上满足多元需求的同时，保持其独特的乡土性，如图 8-5 所示。

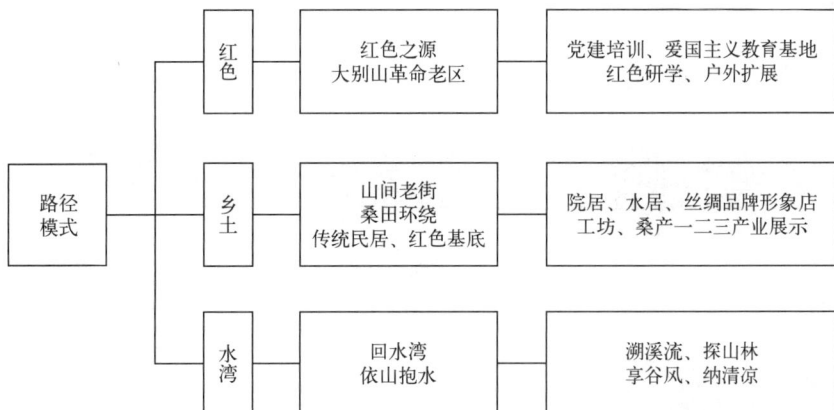

图 8-5 规划路径

通过一二三产业的融合发展，推动乡村景观的整体性与层次感。一产以桑树种植和桑蚕养殖为基础，通过"公司＋合作社＋农户"的模式，既保障乡村经济收益，又保留了乡土景观的农业生产特性。二产依托桑蚕资源发展桑蚕产品加工，保留传统乡土建筑形态，

引入现代化产业功能，增强乡村空间的复合利用。三产以桑蚕产业为旅游核心，通过桑葚采摘、蚕桑研学体验、缫丝参观体验等项目，拓展乡村文旅业态，进一步激发乡村景观的文化与经济价值。

在发展过程中，利用乡村原有自然条件与生态资源，通过乡土材料建设景观小品和基础设施，使整体风貌与自然环境融为一体。路径设计保留原有田间道路或村道的肌理，通过小规模整修与优化，使其成为连接乡村景观与自然景观的纽带。此外，围绕桑蚕主题，打造具有教育功能和文化传承意义的景观节点。

8.1.3 总体规划

在乡村振兴战略的引领下，丁埠村李集老街的规划设计以保护乡土景观特质与提升功能价值为核心，注重挖掘历史肌理与自然生态资源，延续乡土文化内涵。规划以"生态优先、功能复合"为原则，合理布局民宿、餐饮、文化展示及公共活动空间，优化场地的空间秩序与景观韵律。为保障方案落地，引入EPCO（工程总承包与运营一体化）模式，统筹设计、采购、施工与运营全过程管理。设计阶段注重保护与再利用，施工阶段以"轻介入、小干预"降低生态扰动，运营阶段通过村民协同与文旅赋能实现空间长效活化。EP-CO模式的应用有效解决了规划、建设与运营脱节的问题，确保乡土文化传承与乡村活力重塑同步推进，为乡村振兴实践提供可持续发展样本。

（1）设计思路

设计以延长街道轴线为意向，通过延续皖西传统民居肌理，规划村落空间结构，串联地方文化脉络，恢复街巷生活场景。以"四水归堂"的建筑形式为核心，结合延续院落式布局，展现地方建筑的空间特征和乡土韵味，如图8-6所示。在设计中注入烟火气息，通过功能复合与空间优化，形成具有文化传承与地域特色的乡村景观，进一步突出地方文化与生态环境的融合，体现乡村景观的乡土性与可持续发展理念。

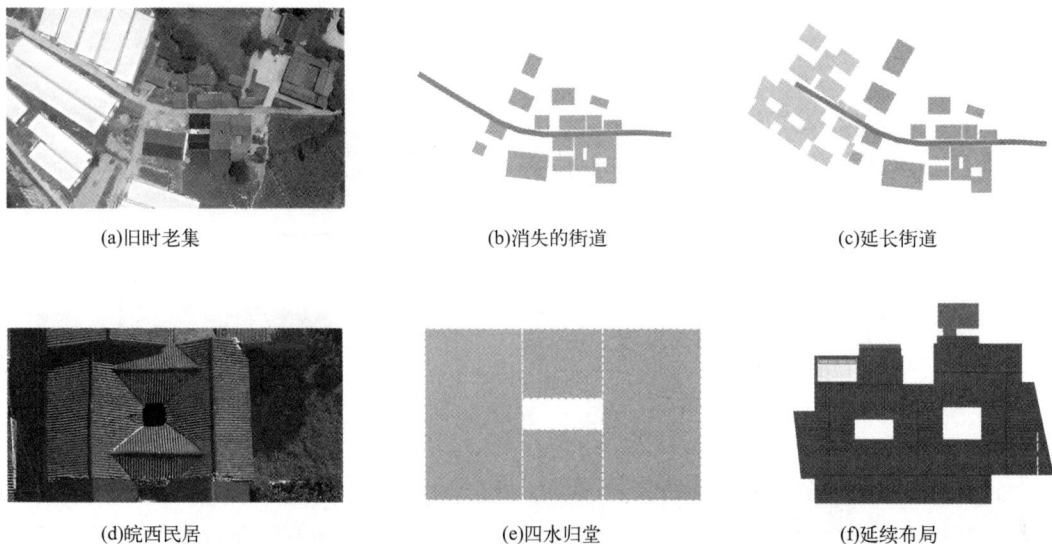

(a)旧时老集　　　　　　　(b)消失的街道　　　　　　　(c)延长街道

(d)皖西民居　　　　　　　(e)四水归堂　　　　　　　(f)延续布局

图8-6　设计构思

（2）总平面图（图 8-7）

图例

① 青年旅社
② 南溪书院
③ 观山民宿
④ 观山民宿
⑤ 酒吧·轻餐
⑥ 无边际泳池
⑦ 餐厅
⑧ 公共配套用房
⑨ 轻奢民宿
⑩ 活动草坪
⑪ 产业大棚
⑫ 养蚕管理用房
⑬ 设备管理用房
⑭ 停车场
⑮ 网红滑梯
⑯ 水上滑板
⑰ 桑田
⑱ 溪滩露营烧烤
⑲ 溪滩露营草坪
⑳ 湖溪露营滩
㉑ 礁石溪滩
㉒ 桑蚕品牌形象店
㉓ 主入口

图 8-7　总平面图（见彩图）

（3）总体鸟瞰图（图 8-8）

图 8-8 鸟瞰图（见彩图）

（4）规划结构

项目景观规划结构以"一集一埠一环"为核心，深度融合乡土特征与自然肌理，如图 8-9 所示。"一集"通过政府主导与村民参与，形成集文化、公共服务与生活功能于一体的乡村核心空间。通过延续传统聚落形态与功能，为村民提供日常交流和活动场所，同时展现乡土生活的独特韵味，体现社区凝聚力和文化传承。"一埠"沿村内小溪布置，保持溪流及其周边自然环境的原生态特质，以低干预设计引导人们通过步行和观景感受水体与自然的融洽关系，在溪畔的朴素与宁静中获得沉浸式的乡村体验，突出人与自然和谐共生。"一环"围绕村落整体布局，设计环形步道串联生产、生活和景观节点，兼顾村民通行和游客观光功能，通过整合地形起伏与自然资源，形成一条展现乡村生态与人文特色的空间流线，让村落的动态美感与静谧氛围得以充分展现。

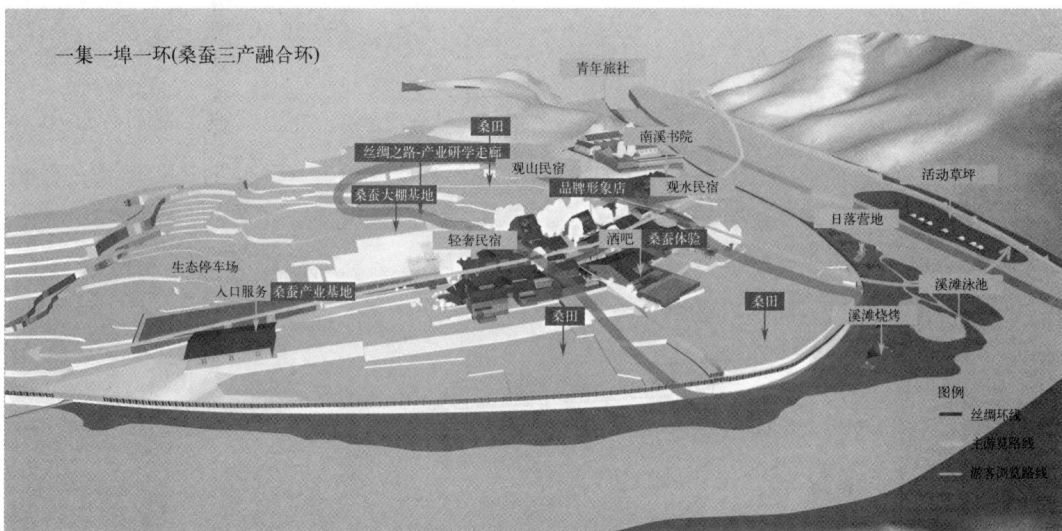

图 8-9　规划结构（见彩图）

（5）功能分区

在功能分区的设计上，丁埠村李集老街改造项目结合村落现状与自然资源，将整体空间划分为集宿区、桑田区与溪流区三个部分，如图 8-10 所示。集宿区位于桑田区的核心位置，作为村落的居住与文化中心，集中展现生活气息与社区活力；桑田区环绕集宿区布局，以传统农耕景观为基础，融入生态种植与文化体验功能；溪流区则分布于项目外围，以自然水体为依托，形成环抱全域的湿地生态景观带。三大功能分区相互衔接，共同构建起乡村景观与功能的有机整体，体现生态优先与乡土文化传承的设计理念。

8.1.4　乡土性回嵌实施路径

（1）乡土符号的入口转译

在入口设计中，充分融合丁埠村的文化历史背景，以乡土文化为核心，以提升景观的乡土性为目标，深入挖掘桑蚕文化这个地方特色，将其与传统建筑形式相结合，形成具有

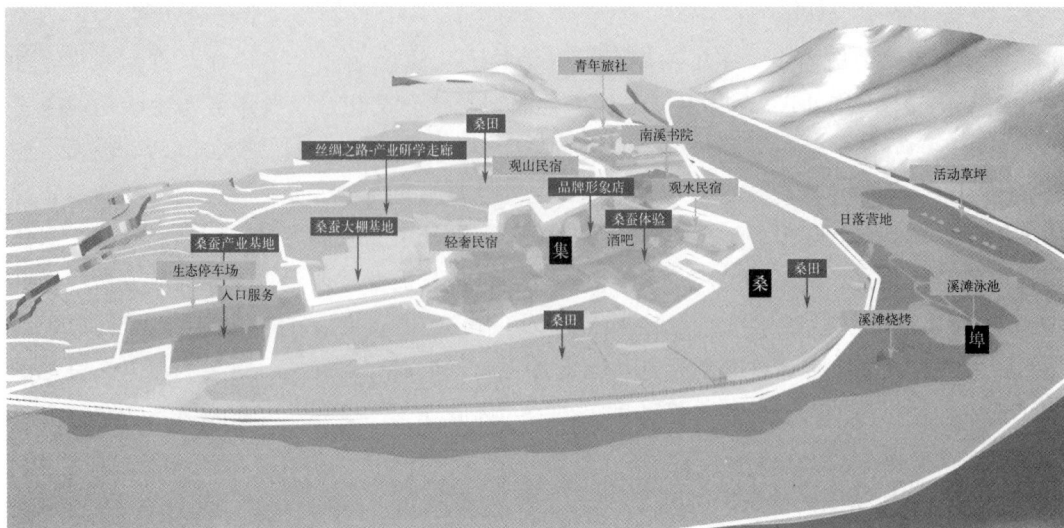

图 8-10　功能分区

地方文化符号与空间意义的设计方案。设计以蚕巢为原型，通过提取其网格化结构的几何特征，结合传统砖瓦建筑的封闭式布局及屋顶形式，对其进行现代化解构与空间转译。在初步设计阶段中，通过对蚕巢形态的分析与深化，形成了概念构思图，如图 8-11 所示。在这个基础上进一步优化入口造型与结构，最终完成设计方案的落地化呈现，生成具体的入口效果图，如图 8-12 所示。

图 8-11　入口概念构思

　　在设计策略上，通过文化符号的空间化呈现，将乡村景观的乡土性特征进行了系统强化。一方面，蚕巢原型作为桑蚕文化的象征，唤起村民与游客对地方文化的情感认同，并

图 8-12　入口效果（见彩图）

彰显丁埠村独特的历史文化记忆；另一方面，入口造型在地域化设计中将传统建筑语言与现代美学需求相结合，使得入口不仅具有文化象征意义，也具备空间标识性与艺术表现力。这种设计不仅在形式上展现了乡村的地方特色，还在内容上回应了乡村振兴背景下"文化传承与现代景观设计融合"的核心诉求，为乡村景观设计提供了新的实践参考。

（2）村民参与的建造机制

本项目依托 EPCO 模式，通过系统性培训构建村民主体性，推动乡土性景观的自主改善。培训内容涵盖建筑技艺与管理能力的提升，旨在增强村民对乡村景观保护与建设的认知，并促使其在实践中发挥主体作用。建筑技艺培训使村民掌握抬梁式结构、青砖土坯砌筑等传统建造工艺，而管理培训则提升了其空间经营与景观维护能力。受训村民在实际改造中积极运用所学知识，基于乡土性原则开展自主建设。如将原有小超市改造为富有地方特色的农家乐，并结合传统建筑元素塑造地域风貌，通过本土材料与植物优化庭院景观，以增强乡村空间的在地性，如图 8-13 所示。

图 8-13　村民自建乡土景观（见彩图）

与此同时，政府依托《金寨县村镇规划管理与风貌管控办法》，通过政策引导、技术支持等多维度干预，促进村民自治改善的可持续性。具体措施包括提供专家技术指导，并引导村民在整体风貌协调的基础上开展改造，以确保乡土性的系统回嵌。在政府引导与村民主体性的协同作用下，乡村景观逐步实现由外部干预向内生性发展的转变，形成了"政策扶持-村民参与-自主建设"的可持续机制，为乡土文化的传承与乡村振兴提供了可推广的实践范式。

（3）本土技艺的现代演绎

在项目设计中，结合皖西传统建筑的建造技艺，通过对建筑材料与细部构造的精细处理，实现乡土性的回嵌。空间布局采用皖西大屋常见的"干"字形形式，如图 8-14 所示，通过主轴线明确功能分区，体现传统建筑空间的秩序感与层次感。设计中重点还原皖西地区特色的抬梁式结构，梁柱系统采用纵横结合的形式，如图 8-15（a）所示。使梁与柱在受力与美学上达到平衡，充分体现地方建筑结构逻辑的合理性与独特性。

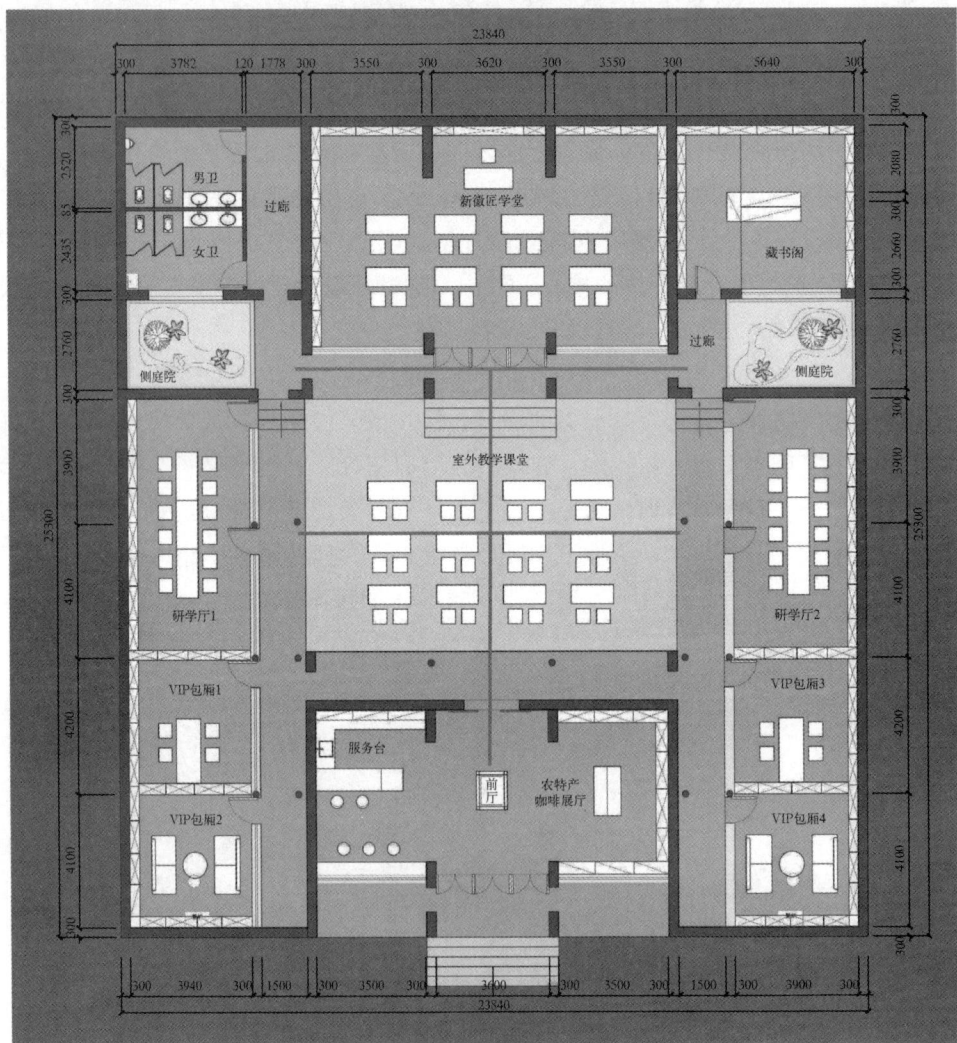

图 8-14 皖西大屋"干"字形布局

　　建筑柱基采用"一柱双料"形式，如图 8-15（b），通过竖向石材基础与柱脚的组合，一方面增强了建筑的稳定性，另一方面体现了皖西传统建筑在构造上的细腻与实用。柱脚石材的造型设计保持传统工艺特征，与青砖墙体和仰合瓦屋顶的整体风貌相呼应，进一步强化了建筑细部的乡土性表达。同时，这种构造形式在材质与功能的结合上，将历史记忆与现代安全需求有效统一。

(a)抬梁式结构　　　　　　　　　　　　　　　　　(b)"一柱双料"结构

图 8-15　特色建筑设计

　　在墙体材料选择上，设计延续了皖西地区常见的青砖与土坯砖砌筑方式。其中，为确保土坯砖的结构强度，在原材料中按比例加入水泥，既保留了土坯砖的传统质感，又提升了其耐久性。基础墙体部分采用青条石或碎石块砌筑，进一步强化建筑的稳固性，同时呼应皖西地区乡村建筑的地方特色。屋面设计采用皖西传统的青灰色瓦片，仰合瓦形式的铺设不仅增强了屋面的防水性能，也还原了皖西大屋的建筑风貌，如图 8-16（a）所示。

　　细部设计中，建筑装饰延续了皖西传统大屋的斗拱檐口形式，如图 8-16（b）所示。通过局部结构与装饰的精细化设计，使建筑整体呈现出传统工艺与地方文化的独特魅力。

(a)仰合瓦屋面　　　　　　　　　　　　　　　　　(b)斗拱檐口

图 8-16　屋顶设计

（4）传统水利的生态转化

水体设计以丁埠村自然水系和乡土特色为基础，围绕"因地制宜，生态优先"的理念，通过对水体系统的分区优化和景观塑造，实现了乡村景观的乡土性回嵌。设计将水体划分为上游、中游和下游三个区域，分别进行了功能性与景观性的细化设计，如图 8-17 所示。

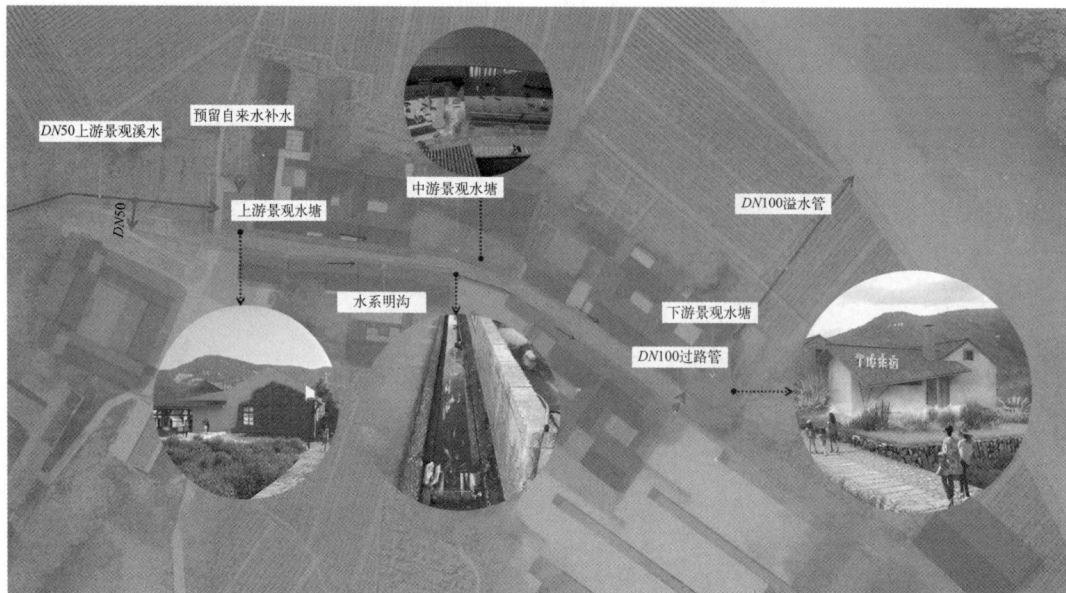

图 8-17　水体设计布局

在上游区域，设置景观水塘以优化雨水收集与补水功能，改善水资源利用效率，同时引入具有乡土特色的生态水景，成为村庄的重要水景节点。在中游区域，通过传统明渠形式与本地石材砌筑，打造集排水与亲水体验于一体的水系明沟，不仅满足水体功能需求，还为村民与游客提供互动空间。在下游区域，设计生态化溢水塘，与排水系统相连，实现水量导流与循环利用，增强整体水系的生态功能，同时融入自然与美观的景观特色。

此外，项目场地旁的溪流作为自然生态水体，设计中未进行过多改动，而是以"顺应自然、保护原状"为策略，保留了溪流的自然流向和生态环境，使其成为整体景观的重要组成部分。溪流的原生态特征，与人工设计的水体系统相辅相成，丰富了场地的景观层次，增加了自然与人工的互动性。

设计在材料与工艺上注重乡土性的表达，广泛采用丁埠村的本地资源与传统技术，例如水体明沟的石材砌筑、景观水塘与溢水塘边缘的植被配置等，均保留了地方特征并与周边环境和谐统一。整体水系通过自然水体与人工水景的结合，不仅展现了丁埠村的历史风貌与地域特色，也实现了乡村水体景观的功能复用与乡土性回嵌，为乡村振兴提供了一个生态与文化相结合的典范（图 8-18～图 8-26）。

图 8-18　李集老街夜景（见彩图）

图 8-19　皖西大屋空间格局（见彩图）

图 8-20　现代与传统材料融合（见彩图）

图 8-21　传统建筑门堂（见彩图）

图 8-22　乡土风貌街巷（见彩图）

图 8-23　青石砖与夯土砖建设（见彩图）

图 8-24　新旧景观融合（见彩图）

图 8-25　餐厅夜景（见彩图）

图 8-26　街道夜景（见彩图）

8.2
红色景观风貌实践案例分析

8.2.1 项目概况

8.2.1.1 区位分析

汤家汇镇隶属于安徽省六安市金寨县，地处金寨县西部，位于大别山主峰之一金刚台脚下、豫皖两省交界处，鄂豫皖革命根据地的中心区域，也是鄂豫皖红军纪念园的重要组成部分。其北以国家级地质公园金刚台为界，与河南省商城县接壤，是金寨县西北门户。在县域内，东与铁冲乡、双河镇接壤，南连南溪镇，西邻银山畈乡、关庙乡，北接河南省商城、固始两县，东距金寨县城 71km。全镇面积 269.3km²，人口 5.1 万，辖 11 个行政村和 1 个街道居委会。汤家汇镇是一个山区面积大、资源富饶的省际边贸重镇，更是一个集红色历史、绿色生态、特色产业资源于一身的旅游强镇。

8.2.1.2 交通分析

小镇交通便利，为豫皖两省交通要道，连通多条国、省干线公路、铁路。S331 省际公路穿境而过、连接河南省商城县，旅游快速通道（红岭公路）连接县产业园区，在建的宣商高速紧靠小镇设有下道口。距沿江高铁合武段拟设车站仅 5km，距规划中的金寨支线机场仅 15km，距合武高速公路 20km，距河南商城 312 国道、沪陕铁路均为 30km，距金寨、商城县城约 70km，距合肥、武汉 210km。

8.2.1.3 资源分析

汤家汇镇是一片红色的土地，土地革命时期是鄂豫皖革命根据地的核心区域，曾是豫东南、皖西北道委和道区苏维埃政府所在地。该镇是红军的故乡，金寨县组建的 11 支红军队伍中有 3 支在汤家汇诞生。境内红色文化资源丰富，红色历史遗迹遗存众多。

革命遗址遗存有 61 余处，其中赤城县六区一乡列宁小学旧址、赤城县邮政局旧址徐氏祠、鄂豫皖省委会议及红二十五军和红二十八军合编旧址胡氏祠、豫东南道区苏维埃政府旧址接善寺 4 处红色遗址列入国家级文物保护单位；红军枪弹库石氏祠、赤城县政治保卫局姚氏祠、红军医院、少共赤南县委驻地易氏祠、中共商南县委、商城中心县委驻地何氏祠等 30 余处红色遗址分别列入省、市、县级文物保护单位。红色苏维埃城位于小镇红色文化旅游核心区，是红色传承之地、红色文化弘扬之城，在不到 2 平方千米的区域内，有红色革命遗址遗迹 15 处之多，是红色遗址集聚区。

8.2.1.4 现状分析

汤家汇镇红色革命政权机构设置早、部门全、运转时间长，有完整的红色政权道委、道区苏维埃乃至县、区、乡、村五级苏维埃政府的纵向体系，还有政治保卫局、工会、妇联、少共委、赤色邮局、枪械局、印刷厂、医院、报社等部门组成的横向体系，堪称一座完整的"苏维埃城"。汤家汇镇于 2014 年成为全省首批红色小镇，红色信仰激发着这片土地上每个人的激情和斗志。当地受历史影响保留了大量极具纪念意义的红色文化资源，也编写了 14 万字的汤家汇红色文化丛书，依托当地政府的支持和打造，成为红色文化传播与教育的重要场所。

汤家汇镇的红色文化丰富，但经现场调研发现该区域红色文化景观设计现存红色氛围不足、情绪难以调动、互动参与性不强、外部资源不完善等问题。

（1）空间结构不合理

小镇自然资源较丰富，但存在缺乏区域划分、空间浪费、布局不合理等问题（图 8-27）。入口附近未设置专门的停车场，车辆停放较随意。现状空地利用率低，部分空地作为交汇点和衔接区域却缺乏特色节点；内外街建筑风格杂乱且外街与古街的关联性较弱，分区不明且相互关联性弱，各红色遗址分布区域较为分散，在发展和联系上存在一定问题。现状桥梁人车共行，缺乏安全性与观赏性；大片空间过于空旷，缺乏特色视觉焦点和红色景观场所（图 8-28）。

图 8-27　红色小镇节点现状

（2）情绪难以调动

场地内虽红色资源丰富，但除历史遗址以外，其他区域未能展现红色元素，景观风格较为单一，呈现方式乏味，游客很难取得较好的审美体验。且仅通过参观革命遗址、邮局等地了解红色历史过于单一化，游客情绪也难以调动，景观呈现效果一般，也无法带动相关产业和经济发展。

（3）景观层次杂乱

首先，现状山体植物杂乱，缺乏常青植物，多处黄土裸露。且靠近主干道一侧作为主要展示面，山体绿化杂乱，缺乏景观性。其次，南溪镇与汤家汇镇的交口处山体入口植物

现状空地利用率低，现状新街建筑背街部分建议进行植物遮挡，植物景观进行整体提升，增加两岸的红色文化符号，营造整体景观氛围

现状节点人视角

老大桥路

现状新街建筑

现状滨河绿带

汤汇河

现状山体的地形优势可俯瞰观景，山体脚下现有植物杂乱，建议进行林相改造，现有植物杂乱，补植色叶植物，提升景观效果

现状滨河绿带

现状红军街建筑

接霄寺俯瞰视角

接霄寺

现状山体

红军街入口人视角

图 8-28　现状分区

杂乱，入口构筑物简陋，缺乏设计感且未能体现红色氛围。整个苏维埃小镇入口处现状建筑影响空间开敞性。河道附近的现状景墙遮挡视线，未能形成景观轴线与视觉焦点，且无标志性景观节点，红色氛围不够浓厚（图 8-29）。

8.2.2　设计策略

（1）规划理念

本设计主要以金寨县第一个党组织的诞生、苏维埃城的逐步构建以及三支红军队伍的故事线为主线，以多个主线节点、多个情景故事节点进行景观设计。同时结合金寨县红色文化元素，以"追寻红色印记，砥砺初心使命，传承红色基因，汇聚小镇故里"为设计理念，力争依托汤家汇的特色红色资源，将小镇打造成集红色旅游、红色研学、乡村休闲娱乐、爱国主义教育于一体的红色主题小镇，并提升对周边县域的影响力，成为金寨县红色文化的代表名片。

（2）提升路径

① 红色氛围提升。对汤家汇镇入口景观进行升级，增设红色元素，强化红色氛围。对红军古街进行改造设计，通过设置红色元素形成入口仪式感，引导游客进入。统一商铺招牌设计并融入红色元素，强化街区的整体历史感和红色文化氛围；增设红色朝圣、红色研学、红色主题音乐节等活动，以活动强化红色氛围。

② 唤起情感共鸣。通过植物与红色符号的象征意义进行植物营造和景观设计，调动参观者对革命先辈高洁品质的崇敬与钦佩，唤醒其对国家、历史、文化等的认同感。

③ 增强互动参与。红色景区内配备专业、基于游客兴趣的多样化讲解，并结合红色剧情演绎，向游客传达红色革命故事，打破景区机械性讲解的局限。

④ 利用外在资源。完善导视标牌、公共设施等基础设施，注重实用性与红色景观元素相结合；强化景观轴线，保证区域之间游客流线的流畅度，并于滨水绿带和红色古街衔接处空地增加红色文化符号，营造整体红色景观氛围；利用现状山体可俯瞰观景的地形优势，于山体脚下可打造特色红色文化浮雕。针对现有植物杂乱的问题，进行林相改造，补植色叶植物，提升景观效果。

8.2.3　总体规划

（1）总平面图

在景观平面布局上，结合中国共产党党徽图案打造"一轴一带两环"的景观空间结构（图 8-30）。"一轴"是指红色景观轴，"一带"是指汤汇河滨河景观带，"两环"是指车行环线和人形环线。即中心轴线由入口展开，通过几个中心点的控制，形成层层递进的空间序列，入口广场雕塑与革命烈士纪念塔、远处金刚台绵延的山体相呼应，形成多层次的景观视廊。

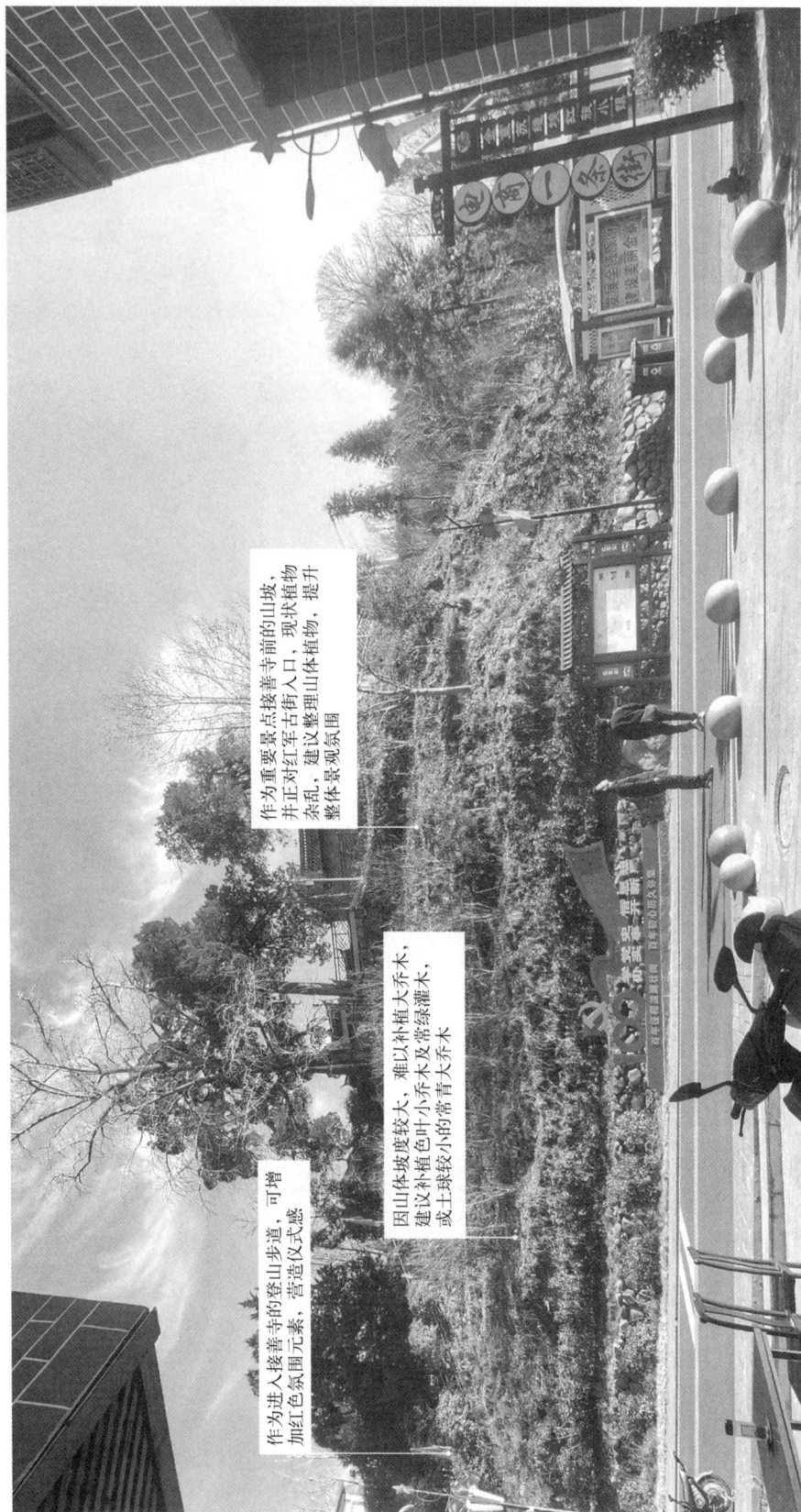

作为进入接善寺的登山步道，可增加红色氛围元素，营造仪式感

因山体坡度较大，难以补植大乔木，建议补植小乔木及常绿灌木，或土球较小的常青大乔木

作为重要景点接善寺前的山坡，并正对红军街古街入口，现状植物杂乱，建议整理山体植物，提升整体景观氛围

图 8-29　山体现状

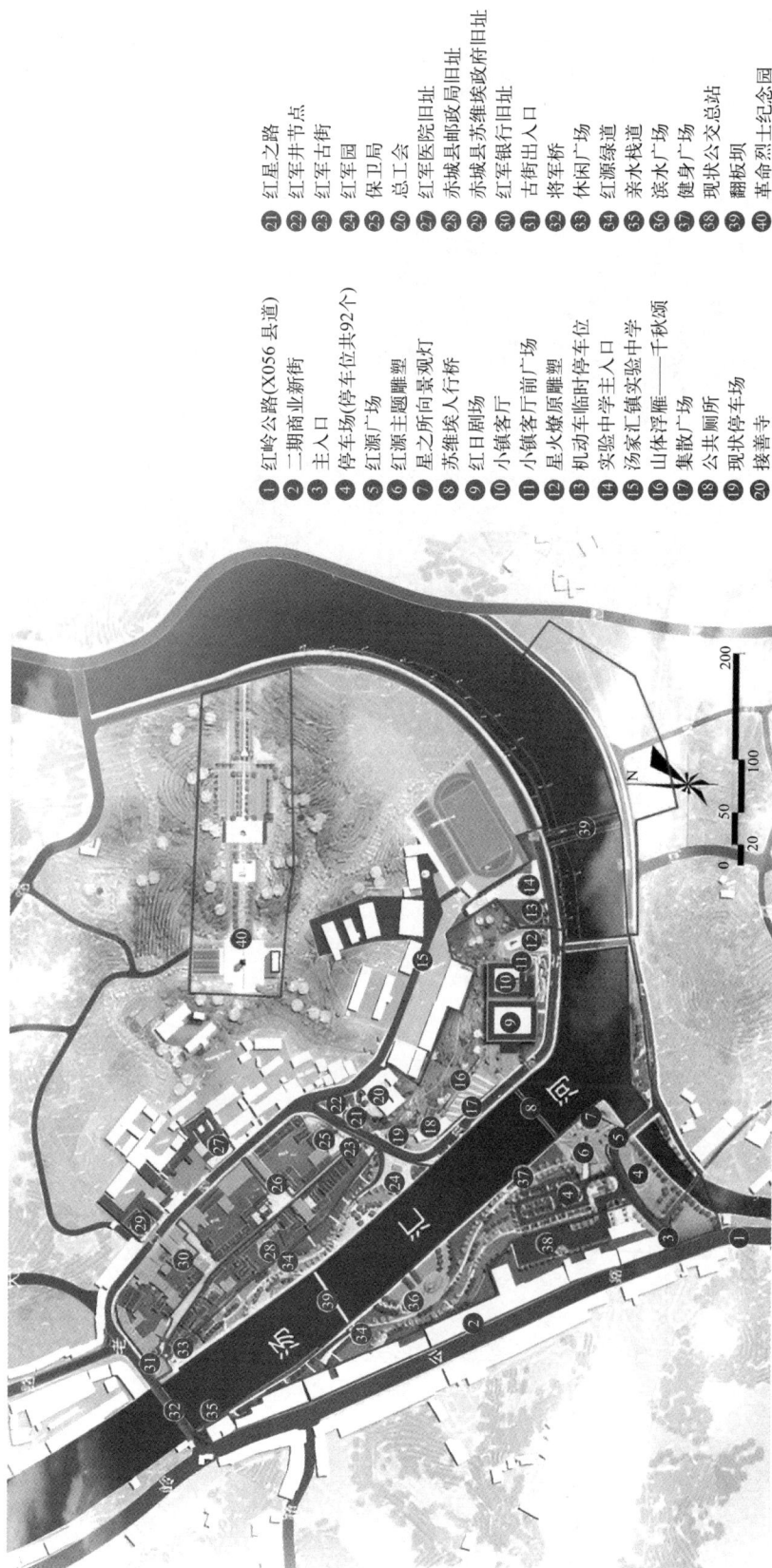

图 8-30　总平面图（见彩图）

（2）总体鸟瞰图（图8-31）

图8-31　总体鸟瞰图（见彩图）

（3）功能分区

在确定景观轴线后，将具体的功能分区分为滨水休闲区、小镇客厅区、入口提升区、红军古街研学区四大部分（图8-32），以此打造两大核心红色产品：红色研学旅游和红色

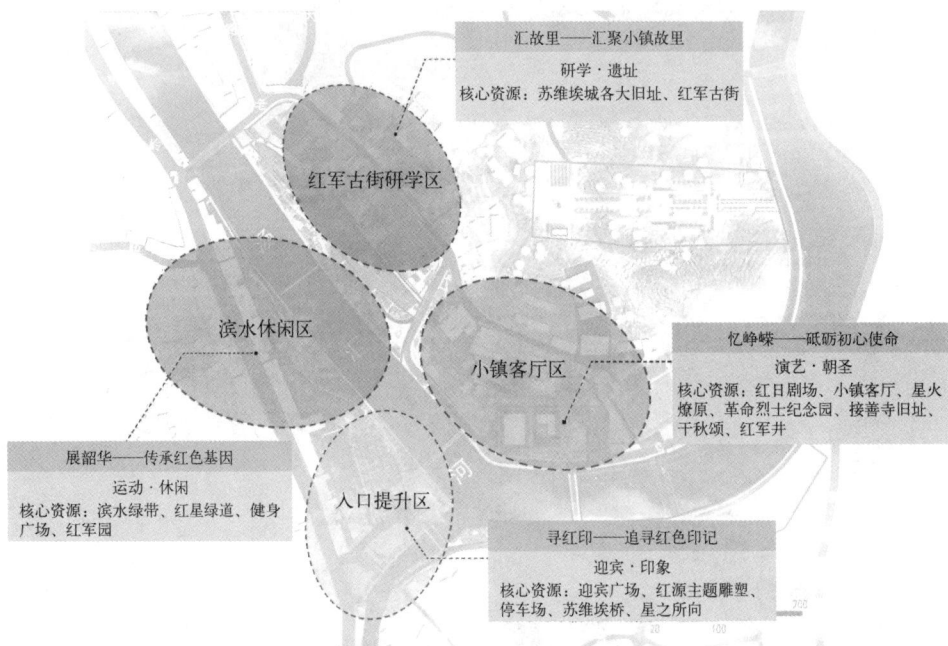

图8-32　功能分区图

朝圣旅游。衍生两大红色产品：红色休闲旅游和红色康养旅游。具体的建设目标为在景观轴线上，以入口展示区（图 8-33）和小镇客厅区（图 8-34）为重点设计对象，入口展示区侧重强调红色印记。将滨河景观带划分为滨水休闲区（图 8-35）和红军古街研学区（图 8-36）两大区域，满足休憩需求同时发挥红色文化的教育意义，可促进旅游经济发展。具体设计目标及核心节点见表 8-1。

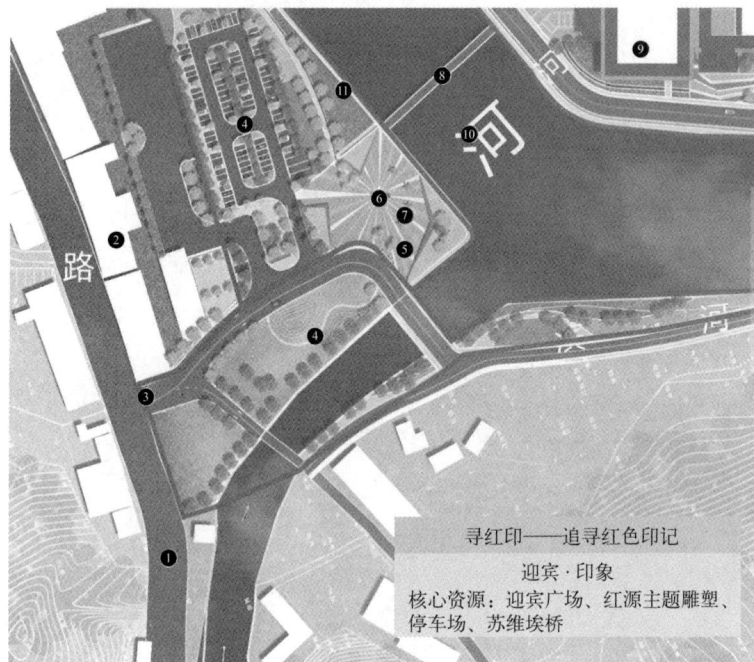

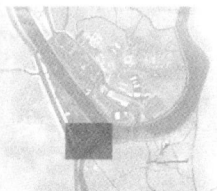

入口展示区

❶ 红岭公路(X056 县道)
❷ 二期商业新街
❸ 主入口
❹ 停车场机动车(停车位92个)
❺ 红源广场
❻ 红源主题雕塑
❼ 星之所向景观灯
❽ 人行桥
❾ 红日剧场
❿ 汤汇河
⓫ 滨河步道

图 8-33　入口展示区平面图

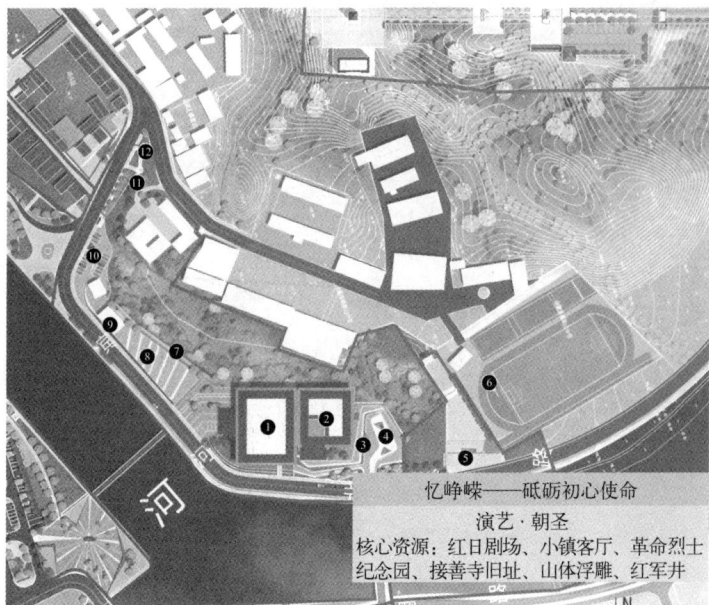

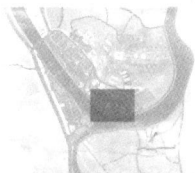

小镇客厅区

❶ 红日剧场
❷ 小镇客厅
❸ 小镇客厅前广场
❹ 雕塑——星火燎原
❺ 实验中学主入口
❻ 汤家汇镇实验中学
❼ 山体浮雕——千秋颂
❽ 集散广场
❾ 公共厕所
❿ 现状停车场
⓫ 红星之路
⓬ 红军井

图 8-34　小镇客厅区平面图

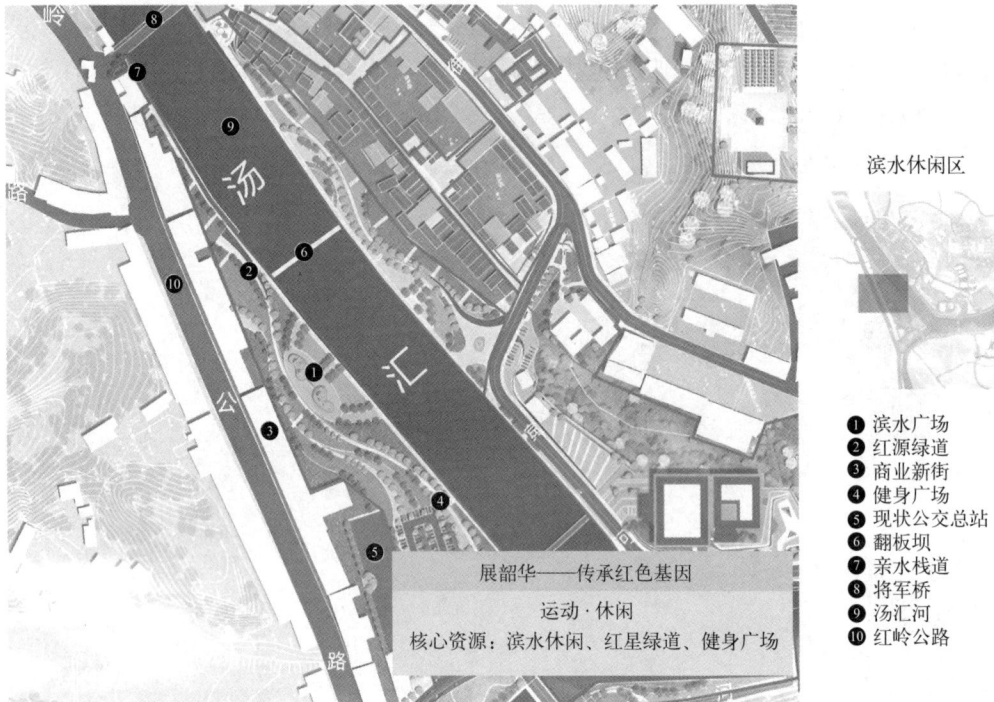

滨水休闲区

❶ 滨水广场
❷ 红源绿道
❸ 商业新街
❹ 健身广场
❺ 现状公交总站
❻ 翻板坝
❼ 亲水栈道
❽ 将军桥
❾ 汤汇河
❿ 红岭公路

图 8-35　滨水休闲区平面图

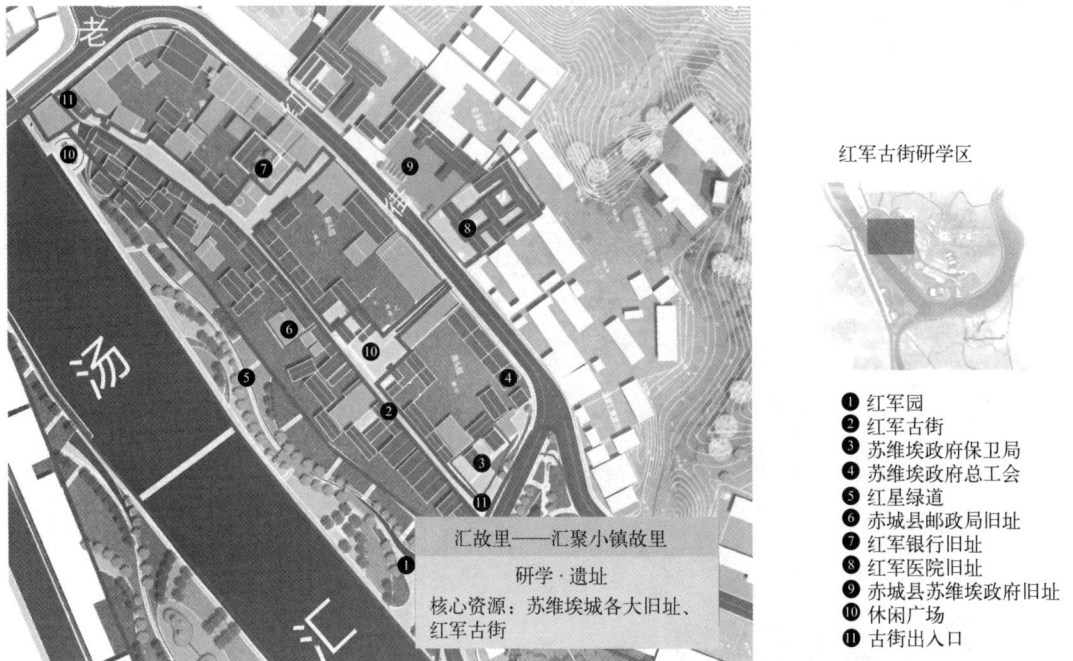

红军古街研学区

❶ 红军园
❷ 红军古街
❸ 苏维埃政府保卫局
❹ 苏维埃政府总工会
❺ 红星绿道
❻ 赤城县邮政局旧址
❼ 红军银行旧址
❽ 红军医院旧址
❾ 赤城县苏维埃政府旧址
❿ 休闲广场
⓫ 古街出入口

图 8-36　红军古街研学区平面图

表 8-1　具体设计目标及核心节点

建设目标	一座完整的苏维埃城			
三大 建设方向	红色景区 文化创新建设		红色研学 旅游产品建设	镇区景区 一体化环境建设
设计结构	一轴		一带	
四大 主题分区	寻红印·追寻红色印记 入口展示区	忆峥嵘·砥砺初心使命 小镇客厅区	展韶华·传承红色基因 滨水休闲区	汇故里·汇聚小镇故里 红军古街研学区
核心节点	迎宾广场、红源主题雕塑、停车场、苏维埃桥	红日剧场、小镇客厅、接善寺旧址、山体浮雕、红军井革命烈士纪念园	滨水绿带、红星绿道、健身广场、红军园	苏维埃城遗址、红军古街

（4）交通分析

红岭公路沿线是对外交通流线，过境车流与小镇内部车流相分离，便于过境车辆的快速通过，也减少小镇内部通行压力。保留原有道路，主干道为车行路线，以此串联各个节点，并于靠近主干道处设置停车位。内部红色景观区域和滨水休闲区等节点为人行流线，保障游客自由参观红色景区的同时也在一定程度上保障了游客安全（图 8-37）。

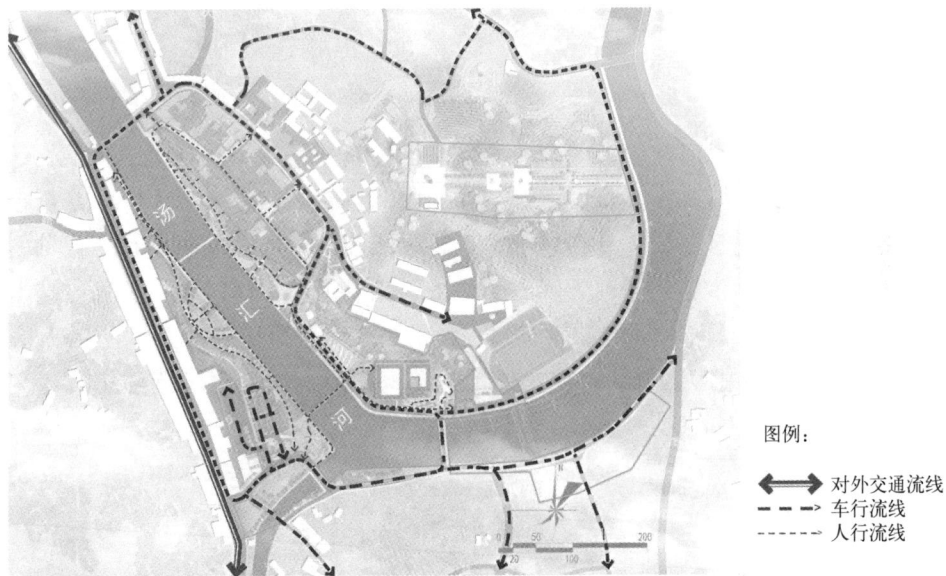

图例：
◄——► 对外交通流线
– –► 车行流线
----- 人行流线

图 8-37　交通流线（见彩图）

8.2.4　红色景观风貌提升实施路径

8.2.4.1　红色氛围提升

（1）再现历史场景

作为红色资源非常丰富且极具地方特色的红色古街，承载着历史、文化与教育功能，包含赤城县苏维埃政府旧址、总工会、红军医院旧址等多处红色历史遗址，且多处遗址均为省级重点文物保护单位。该区域的设立是教育和文化传承的需要，也是促进地方经济和小镇发展的重要环节，可作为红色氛围提升的设计重点区域。

入口景观通常是景区的"第一印象"，作为景区的标志性元素之一，对整个小镇的红色氛围渲染起到铺垫性作用。设计上应巧妙结合色彩、形态和材质等，通过较高艺术性和观赏性的设计重现特定历史人物与事件，从视觉上传达红色氛围，增强沉浸感。在对古街入口进行改造设计时，由于原有入口缺乏标志性景观，故深挖当地红色历史故事，以革命历史事件的艺术再现雕塑和红军人物雕塑来形象化地展示当地革命故事，帮助游客更好地理解和记忆汤家汇的历史故事与革命精神（图8-38）。

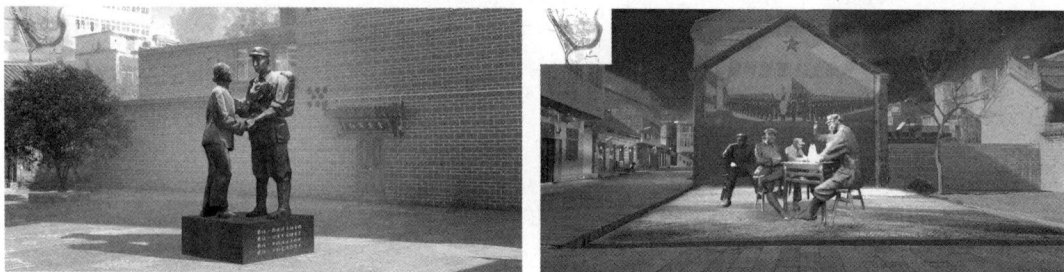

(a)情深雕塑　　　　　　　　　　　　　　(b)笔架山农校"青年读书会"雕塑

图 8-38　古街研学区入口景观效果图（见彩图）

（2）融合设计要素

红色古街中的沿街商铺作为街区景观的重要组成部分，不仅具有美学价值，还承载着品牌形象、历史记忆等多重功能。场地现状中沿街商铺高度、风格等均存在很大差异，且红色元素与红色氛围较弱，店铺招牌风格未能统一，视觉效果不佳，商铺辨识度较弱。故对沿街立面侧重于色彩和天际线的调整，化繁为简，同时考虑保温工艺对施工的要求，以涂料为主。局部增加挑出的檐口，并增添代表革命历史的五角星元素等装饰，丰富竖向空间。对一层加以刻画，对窗花与门样进行更精细的设计，做到上简下繁，增强节奏（图8-39）。

(a)改造前　　　　　　　　　　　　　　(b)改造后效果

图 8-39　沿街立面改造前后示意（见彩图）

　　沿街商铺招牌采取统一规范化设计，减少乱设、滥用和不合理的商业广告出现，避免过度商业化的现象，确保红色古街的红色文化氛围得到恰当的维持。统一规划能够规定商铺招牌的尺寸、字体、色彩、材质等，从而保证商铺招牌不至于过大或过小、字体不清晰、颜色过于刺眼、风格混乱等（图 8-40）。使外观在整体上更具有和谐感，保证街区整体的美学设计统一性，维护街区的整洁与秩序，增强古街的历史魅力。色彩选取上采用灰色、红色和金色等营造庄重、历史感强的街区氛围。

(a)立面细节改造　　　　　　　　　　　(b)建筑立面效果

(c)店招细节效果　　　　　　　　　　　(d)街道局部鸟瞰

图 8-40　沿街立面改造效果（见彩图）

（3）举办红色活动

　　为充分发挥红色文化景观的时代价值，将游客引进小镇并提升其满意度和重游率是关键所在，需要为游客打造全时节、全类型的产品组合。即创造全方位的主题体验，延长游客停留时间，留住游客形成过夜经济；以"主题故事"为线，以"沉浸式体验"为内容设计游憩行程，串联旅游产品。在对汤家汇实地考察调研的基础上，结合汤家汇红旅小镇的特色，可策划以下活动项目。

　　① 红色朝圣。针对有红色情怀的游客，如老党员、老干部、信仰和崇拜红色文化的群众，该类游客需求为"休闲＋康养"。将旅游和休闲相结合，以遗址参观、战友重聚、红军主题音乐节等纪念性活动为主，辅以观光游览、乡村体验、红军食堂美食节这类特色生态旅游。

　　② 红色研学。针对党政机关群体、中青年亲子、青少年群体，该类游客需求为"研学＋休闲＋朝圣"。注重将革命教育与休闲度假相结合，通过党建教育、红色文化宣讲等方式，加强对革命历史的了解程度。针对研学群体可结合其追求富有创意且主题新鲜的事物的特点，利用重大历史事件、纪念日等与学校展开合作教育活动，带孩子去革命圣地接受革命教育，并结合户外科普项目、主题街区、红色摄影大赛、爱国主义教育培训等活动

深化红色记忆，增进文化认同。

8.2.4.2 唤起情感共鸣

植物是红色文化景区规划中的重要造景元素，既能作为独特的纪念象征，又能有效改善周边的自然环境，调节小气候，达到柔化硬质景观、提升视觉效果的目的。

在汤家汇红色小镇的植物配置上，结合场地特性，巧妙地运用植物的形态、色彩与内涵来营造具有场所精神的空间，充分展现红色景区的文化内涵与历史价值。如滨水休闲区和小镇客厅附近休闲区可结合花镜进行设计，植物颜色取自火焰，最下层焰心采用红色火山岩以及紫叶小檗，内焰采用金焰绣线菊、火焰南天竹等；最上层的外焰由灵动的火炬花和火星花组成（图8-41）。以多种植物组合打造随风拂动的红色星火，仿佛火焰在风中跳动，象征着革命精神的激情与不灭。或是结合植物蕴含的革命精神来塑造景观，常见的有"岁寒三友"——松、竹、梅，松树挺拔的姿态象征革命先烈的坚韧意志与不屈精神；竹子象征着正直和刚毅，寓意着革命者的道德操守与为人民服务的崇高目标；梅花寓意坚韧、顽强，象征革命先烈在困苦环境中顽强斗争的精神。

图 8-41　花镜植物配置效果（见彩图）

小镇客厅入口处山体作为进入接善寺的登山步道，并正对红军古街入口，需要增加红色氛围元素，营造仪式感。考虑到山体坡度较大，难以补植大乔木，故补植色叶小乔木和常绿灌木，如鸡爪槭、红枫等（图8-42）。大片红似火的植物象征着红军战士英勇战斗和无畏牺牲的精神，用鲜血铸就今天的辉煌。

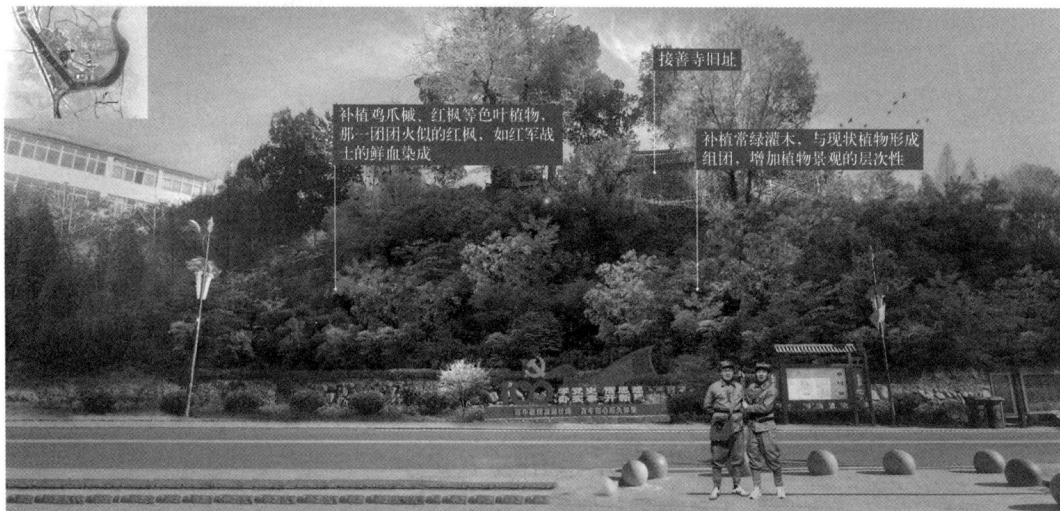

图 8-42　山体绿化改造效果（见彩图）

　　主入口广场设立主体雕塑总高 18m，以"红源"命名，以火炬为造型载体，将红旗、党徽、五角星等元素有机结合。主体结构以三根钢柱组成，象征着在汤家汇诞生和重建的 3 支红军队伍，积极向上的态势彰显了老区人民坚守信念、胸怀全局、团结奋进、勇当前锋的大别山精神。红旗的造型则根据汤家汇镇特殊的地理轮廓演变而来，强调了汤家汇红色文化的特质性与唯一性，它既是高高飘扬的红色旗帜，也是熊熊燃烧的红色烈焰。红旗居中的五角星镂空内的党徽象征着汤家汇镇笔架山农校"青年读书会"是鄂豫皖地区最早成立的党组织（图 8-43）。

图 8-43　主题雕塑细节展示（见彩图）

8.2.4.3　增强互动参与

　　通过红色剧场再现革命故事，创新讲解服务，增强参与感与互动感。剧场主要分为咨询服务区、沉浸式体验区，设有沉浸式演绎剧场、VR 体验馆、光影秀展示馆等。主要包括沉浸式戏剧《立夏》和结合元宇宙科技的 VR 项目《星火相传》互动剧情体验内容。该剧目演绎前会安排游客换装，观演时，以金寨县有名的立夏起义的故事为主题，通过剧情演绎、演员与游客互动、光影效果、场景搭建等（图 8-44），打破传统景区机械性讲解的桎梏，充分调动游客的感官体验，以沉浸式红色演绎激发游客对红色文化的兴趣和认知，唤起游客爱国之情。

(a)互动场景　　　　　　　　　(b)衣帽间　　　　　　　　　(c)剧场搭建场景

图 8-44　沉浸式演绎剧场

8.2.4.4 利用外在资源

（1）完善基础设施

红色小镇的公共设施设计不仅需要满足游客基本功能上的需求，注重舒适性和实用性，还要融入红色文化元素，提升红色沉浸度，体现革命精神。在材质上选用深色的木制材料，便于与周边自然环境相协调。同时设计带有与汤家汇相关的文字和标识，融合红色文化元素和地方特色（图 8-45）。

图 8-45　公共设施改造效果

导视标牌在景观中起到引导流线、美化景观的作用。需遵循人体工程学设计准则，在此基础上进行艺术化加工，融入红色文化符号，直观表达出汤家汇旅游景区的文化主题。主要以木、石、耐候钢为材料，耐候钢强韧、厚重，独特的肌理效果展现了汤家汇深厚的红色文化底蕴，而木制品与石材则体现了生态、自然之美，提升了景观与自然、文化的融合度。设计以糅合人文、生态、艺术作为创新表现形式，极大提升导视系统的艺术观赏性与实用功能性，并以此延展到休闲座椅、垃圾桶、花草牌等景区必备设施中，使汤家汇镇整体视觉识别趋于一体化，系统化打造建设，优化游客旅游体验感以及便捷度（图 8-46～图 8-50）。

图 8-46　导视景墙

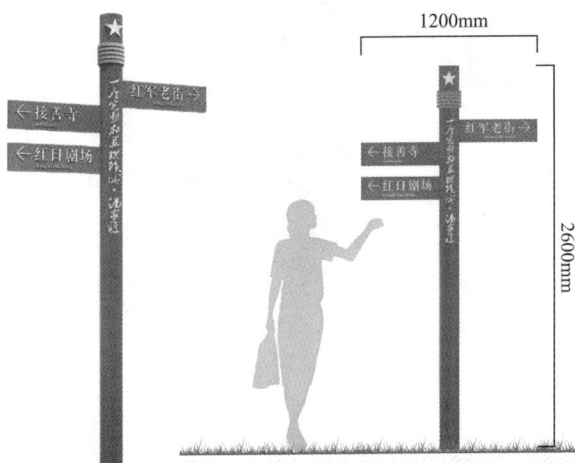

图 8-47　导视标牌一

图 8-48　导视标牌二

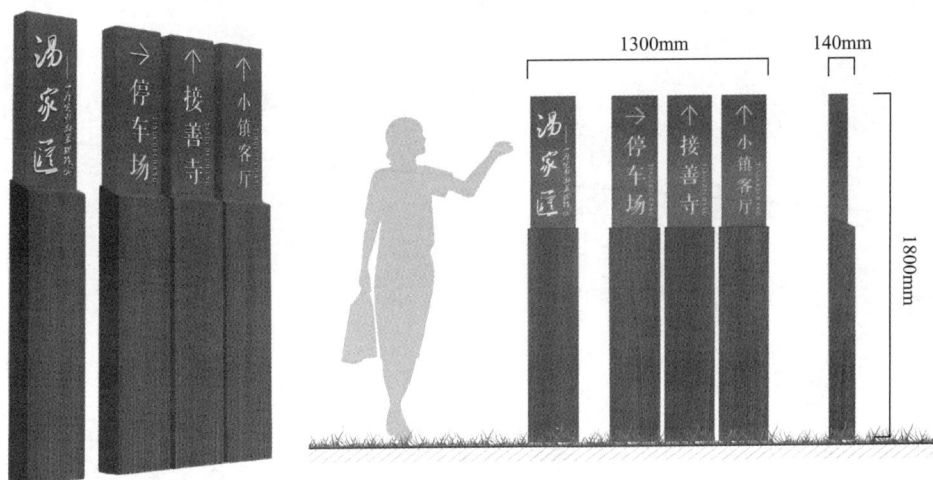

图 8-49　导视标牌三

图 8-50　导视标牌四

（2）优化空间结构

合理的空间结构便于形成连贯紧凑的游览路线，以便游客更好地了解红色历史。于小镇内部入口处设置苏维埃红旅小镇的口号标识，从起始处营造红色氛围，强调该小镇为一座完整的苏维埃城。由于现状景墙遮挡视线（图 8-51），故拆除现有景墙，改设入口广场，于入口广场处设计"红源"主题雕塑来打造景观轴线。该雕塑位于入口对景处，与远处的红日剧院及山体遥相呼应，可作为旅游拍照"打卡点"及苏维埃小镇入口标志性景点。雕塑周边设置"星之所向"景观灯柱，强调了景观轴线，保证空间视线开敞，层层递进。景观灯由五角星元素形式变化形成，表达了心之所向和同祖国共奋进的坚定信念，如众星拱月一般和主题雕塑形成呼应之势。入口附近植物选用红枫，其鲜红色彩是革命精神的自然象征，代表着不畏艰险、勇往直前的革命精神。广场上运用耐候钢板花池的形式，既表达了根植于汤家汇这片沃土的红色基因，又表达了如红军一般千锤百炼的钢铁精神。花池侧面以文字形式传达汤家汇诞生和重建的三支红军队伍的相关信息（图 8-52）。这三支队伍拉开苏维埃红色小镇的帷幕，对红色小镇的诞生具有重大意义。

图 8-51　汤家汇镇内部入口节点现状分析

(a)入口改造效果

(b)雕塑效果展示

图 8-52　汤家汇镇内部入口节点现状分析

　　苏维埃人行桥作为衔接入口广场与小镇客厅的重要通道，需要从安全性上保证人车分流，同时需要强化红色氛围与景观轴线性。设计上选取五角星元素和红军旗帜，并设灯带环绕于桥的两侧。色彩选用红色文化的标志性颜色，以红色作为主色调，结合入口广场景观节点，共同提升整体景观氛围（图 8-53）。

　　小镇客厅区与车行流线相接，山体与红日剧院、小镇客厅共同构成了主要的景观展示

图 8-53　苏维埃桥效果（见彩图）

面，承载着交通梳理、展示小镇红色文化、渲染红色氛围和弘扬革命精神的关键作用。对于现状空地未能得到较好利用的问题，考虑到现状平坦空旷，临近实验中学与红军桥，故将此地改造为集散广场。与实验中学新入口、红军桥和周边交通流线统筹规划，充分考虑人行流线、安全性与舒适性，并于场地内设置树池座椅，便于来往游客驻足休息（图 8-54）。

图 8-54　集散广场效果（见彩图）

滨水休闲区是游客放松身心、休憩之所，本身具有独特的自然景观与生态资源，结合红色历史背景，能吸引更广泛的游客群体。在游客进行长时间的参观和纪念活动后，滨水区域提供了一个供游人放松的环境，帮助游客调整心情，享受自然风光。设计步道、观景台、健身区域等设施，提升景区的整体服务质量。滨水空地与古街相连，是区域连接的道路枢纽，考虑到此处为游客游览的必经之处，且设计需与古街区形成游线循环，故在此处设计"金刚台上妇女排"雕塑（图 8-55）。该雕塑既结合当地的革命历史以供游客了解历史故事，起到文化宣传与传播的作用，又承上启下，起到渲染红色文化氛围，调动游客情绪的作用。

图 8-55　"金刚台上妇女排"雕塑效果（见彩图）

打造红星绿道贯穿滨河休闲区，供游人和附近村民运动、休憩。并设置健身广场，放置健身器材，丰富镇区人民的休闲生活。于水边设计亲水栈道与防护栏，丰富景观层次。同时构建人行游线，为游客提供更便捷的观光路径，也能更亲近水域，体验与自然的互动。亲水栈道也可与红色景区的历史文化相结合，在周边植物配置上采用杜鹃花、红枫等具有特殊含义的植物（图 8-56）。栈道沿线设历史故事解说牌、播放红歌等，向游客讲解革命历史、人物事迹，通过视听结合的方式丰富景区文化内涵，增强沉浸体验。

（3）融入自然环境

红色景区的入口展示区作为红色景区的门户，起到了导览、文化传递、教育等多重作用。该处设计不仅对小镇整体氛围起到铺垫作用，更重要的是激发来往行人进入小镇游览的兴趣。但南溪镇与汤家汇镇的交口处现状山体入口存在植物杂乱、入口构筑物红色氛围感不强、现状景墙遮挡视线等问题。故山体植物配置需要与小镇的红色历史氛围和周边山体环境紧密融合，以营造出与红色文化相契合的视觉效果与情感体验（图 8-57）。运用红

(a)健身广场

(b)亲水栈道

图 8-56　滨水休闲区效果图（见彩图）

枫、杜鹃花、竹子、梅花等有特殊色彩和内涵的植物强化红色主题，比如红枫、杜鹃的红色象征着革命精神中的热血、奋斗与胜利，营造出鲜明的红色文化氛围；竹子以其刚毅、挺拔的形态，象征着坚韧、正直，与革命精神的坚守和勇敢前行契合；梅花在中国传统文化中常常与坚韧、不畏寒冬的精神相联系，适合作为象征革命精神、坚持信念的植物。入口构筑物在原有基础上进行二次设计，增加五角星和党徽的元素，对墙面进行彩绘，塑造充满红色氛围的构筑物（图 8-58）。

图 8-57　汤家汇镇外部入口节点现状分析

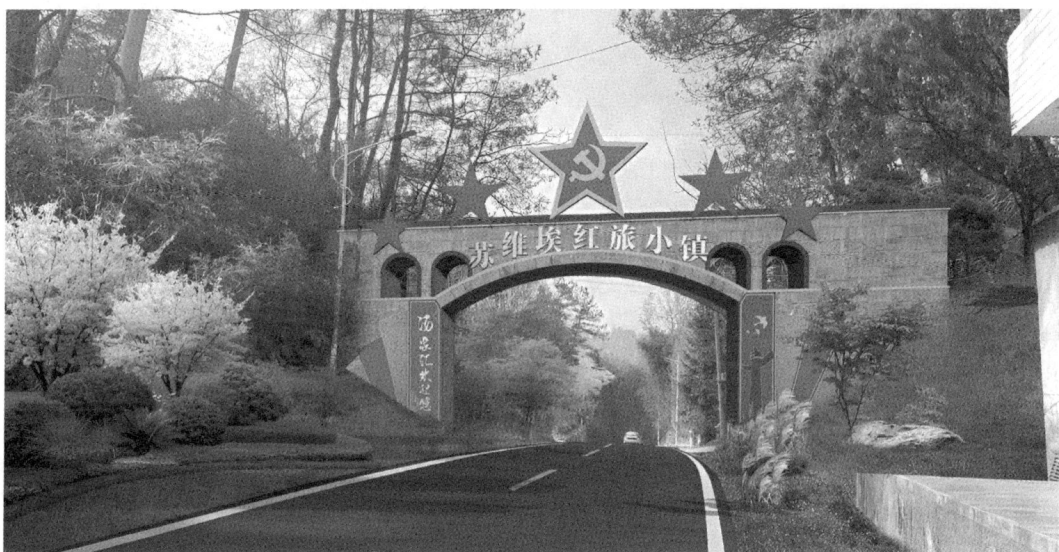

图 8-58　入口构筑物及周边植物改造效果（见彩图）

　　于小镇客厅区内现状植物杂乱的山体附近增设大型浮雕，刻画金刚台、笔架山的红色革命故事，富有冲击力的展示面能在视觉上产生强烈吸引力，引导游客参观游览红色小镇（图 8-59）。

(a)浮雕效果

长征胜利　红军长征途中　笔架山农校　　金刚台妇女排　军民鱼水情
　　　　　最后的党费故事　早起的党组织

浮雕展开图

(b)浮雕细节展示

细节放大图

图 8-59　山体浮雕效果（见彩图）

回首在金寨挂职的三个年头，万千感慨涌上心头。这本书既是我对这片红色热土的深情告白，更是多方支持与协作的集体结晶。在此，我谨以最诚挚的心意向安徽建筑大学、金寨县委县政府及所有关心支持建大和金寨发展的同仁致谢。

致安徽建筑大学：知行合一的灯塔。作为安徽建筑大学选派的挂职干部，我始终铭记学校"进德弘毅、博学善建"的校训精神。十二年来，学校以"扎根江淮、服务老区"的情怀，将学科优势与金寨发展需求紧密结合，为我搭建了理论与实践深度融合的平台。在金寨县城市更新、乡村振兴的关键时刻，学校专家团队多次赴金寨实地指导，从"文化赋能"到"风貌管控"，从"生态修复"到"产业植入"，每一次研讨都凝聚着智慧的碰撞，每一份方案都饱含着对老区的深情。正是学校的信任与支持，让我得以将论文写在金寨的山水之间，将学术理想融入乡村振兴的伟大实践。

致金寨县委县政府：躬身力行的沃土。金寨的山水滋养了我的成长，金寨的人民教会了我奋斗的意义。挂职的三年里，县委县政府给予我充分的信任与包容，让我能在深入23个乡镇和行政村调研走访的基础上，直面城乡发展的痛点与难题。吴邦国同志"5+1"帮扶项目的持续推进、习近平总书记亲临考察的战略指引，为金寨擘画了振兴蓝图；张涧书记、董益乐县长等领导同志对规划工作的亲自部署、对项目落地的倾力支持，让我深刻体会到"把论文写在大地上"的使命担当。更难忘奋战在一线的规划中心的同志们，他们的质朴、坚韧与创新精神，为我的研究注入了不竭动力。

致金寨的山水与人民：初心如磐的归处。梅山城区史河两岸绿意流淌，南溪丁埠李集老街烟火升腾，背后是10万移民舍小家、顾大局的奉献记忆，是59位开国将军热血铸就的红色基因，更是49万金寨儿女对美好生活的不懈追求。书中每一个案例的凝练，都承载着对这片土地的敬畏；每一次方案的优化，都凝结着对"红绿蓝"三色资源的守护。金寨的山水教会我"尊重自然肌理"，金寨的人民教会我"规划即为民心"。

衷心感谢金寨县城乡规划服务中心、安徽誉阳投资控股集团有限公司、安徽瀚一规划设计院有限公司等单位提供的宝贵案例资料，感谢朱瑞珂、徐玉蓉、刘海洋、贺星冉、曹志普、王昊等同学在实地调研和书稿撰写中的贡献。本书的出版，既是对过往实践的总结，更是新征程的起点。未来，我愿继续以"智库专家"和"建大人"的双重身份，为金寨城乡景观风貌的提升贡献绵薄之力。最后，再次感谢所有给予我支持与帮助的人——此书献给金寨，献给这片值得用一生去书写的热土！

聂玮
2025 年仲夏于合肥

参考文献

[1] 邬樱, 李爱群. 城市更新背景下的人口流动趋势、老龄化传导效应及对策 [J]. 中国老年学杂志, 2023, 43 (11): 2807-2811.

[2] 刘子晴, 王薪宇, 杨锋等. 城市更新背景下融合深度学习的非正式绿地数字识别技术研究进展 [J]. 中国园林, 2023, 39 (06): 33-38.

[3] 刘行健, 杜宽亮. 城市更新视角下国家高新区转型发展策略之探讨——以天津高新区华苑环外片区为例 [J]. 城市发展研究, 2023, 30 (05): 86-95.

[4] 林家惠, 曾国军. 城市更新背景下绿色绅士化的效应与机制研究——以城市农业公园的绿化实践为例 [J]. 地理科学进展, 2023, 42 (05): 914-926.

[5] 赵铖钰, 张淑怡, 朱泓恺, 等. 上海地表热环境演变趋势城乡分异及其对城市更新的响应 [J]. 应用生态学报, 2023, 34 (07): 1923-1931.

[6] 朱宇, 林李月, 柯文前, 等. 中国人口流动变迁及其对城市更新策略的启示 [J]. 人口与经济, 2023 (04): 41-55.

[7] 杨海峰, 孙浩. 乡村振兴战略下农村人居环境整治研究 [J]. 上海农村经济, 2023 (07): 19-20.

[8] 姜国兵, 王嘉宝. 乡村振兴示范带的运行逻辑与绩效评价研究——基于广东的实证 [J]. 公共治理研究, 2023, 35 (04): 41-55.

[9] 杨海峰, 孙浩. 乡村振兴战略下农村人居环境整治研究 [J]. 上海农村经济, 2023 (07): 19-20.

[10] 司莉娜. 乡村振兴战略下县域乡村产业结构转型路径分析 [J]. 商业观察, 2023, 9 (19): 41-44.

[11] 刘宁, 王培颖, 康豫, 等. 乡村振兴背景下饲料企业绿色转型路径研究 [J]. 饲料研究, 2023, 46 (12): 186-189.

[12] 张克俊, 杜婵. 从城乡统筹、城乡一体化到城乡融合发展: 继承与升华 [J]. 农村经济, 2019 (11): 19-26.

[13] 习近平. 高举中国特色社会主义伟大旗帜 为全面建设社会主义现代化国家而团结奋斗——在中国共产党第二十次全国代表大会上的报告 [J]. 中华人民共和国国务院公报, 2022 (30): 4-27.

[14] 张明斗. 城乡一体化发展的体制创新策略研究 [J]. 宏观经济研究, 2017 (02): 123-129, 141.

[15] 张瑞怀, 李宏伟. 城乡一体化与城乡统筹 [J]. 中国金融, 2010 (22): 51-52.

[16] 杨骞, 金华丽. 新时代十年中国的城乡融合发展之路 [J]. 华南农业大学学报 (社会科学版), 2023, 22 (03): 127-140.

[17] 林密, 余慧君. 恩格斯的成像理论对空想社会主义的继承与超越 [J]. 北华大学学报 (社会科学版), 2020, 21 (06): 95-102, 154.

[18] 张秋. 美、日城乡统筹制度安排的经验及借鉴 [J]. 亚太经济, 2010 (02): 93-96.

[19] 刘震. 城乡统筹视角下的乡村振兴路径分析——基于日本乡村建设的实践及其经验 [J]. 人民论坛·学术前沿, 2018 (12): 76-79.

[20] 冯萱. 1999~2000 年法国城市规划改革及其启示 [J]. 规划师, 2012, 28 (05): 110-113.

[21] 王丽薇. 法国城市建设管理经验与启示 [J]. 人民论坛, 2015 (05): 251-253.

[22] 吕洋, 周彩. 挪威统筹城乡发展: 措施、成效与启示 [J]. 北京理工大学学报 (社会科学版), 2008 (03): 90-93.

[23] 申晓艳, 丁疆辉. 国内外城乡统筹研究进展及其地理学视角 [J]. 地域研究与开发, 2013, 32 (05): 6-12, 45.

[24] 方文涛. 从城乡统筹、城乡一体化到城乡融合发展: 继承与升华 [J]. 科技经济市场, 2023 (03): 131-133.

[25] 陈晨, 方辰昊, 陈旭著. 从城乡统筹到城乡发展一体化——先发地区实践探索 [M]. 北京: 中国建筑工业出版社, 2018.

[26] 宋云辉, 陈一. 乡村振兴背景下成都市乡村景观营建模式与空间结构研究 [J]. 风景园林, 2022, 29 (03): 37-42.

[27] 史大联. 建筑风貌的多元性与规划的操作性探讨——以南宁市建筑风貌规划研究为例 [J]. 规划师, 2009, 25

（12）：37-42.

［28］黄得慧 . 浙江山地型乡村特色景观风貌塑造研究 ［D］. 杭州：浙江农林大学，2019.

［29］赵之枫，张建 . 基于城乡制度变革的乡村规划理论与实践 ［M］. 北京：中国建筑工业出版社，2018.

［30］姚月，张洪剑，刘亚茹 . 面向高质量发展的城乡景观风貌管控法治建设研究——以广东省为例 ［J］. 城乡规划，
      2021（Z1）：108-116.

［31］王敏，侯晓晖，汪洁琼 . 生态—审美双目标体系下的乡村景观风貌规划：概念框架与实践途径 ［J］. 风景园林，
      2017（06）：95-104.

［32］吴欣玥 . 全域土地综合整治背景下的乡村"三生空间"治理路径——以山水乡旅乡村振兴示范走廊为例 ［J］. 四
      川环境，2022，41（01）：200-208.

［33］王云才，陈照方，成玉宁 . 新时期乡村景观特征与景观性格的表征体系构建 ［J］. 风景园林，2021，28（07）：
      107-113.

［34］郑重，任凌奇，吴洵，等 . 国土空间规划体系中县域景观风貌专项规划探索——以诸暨市为例 ［J］. 规划师，
      2022，38（08）：82-90.

［35］晋国亮 . 乡村景观多元价值体系与规划设计控制研究 ［D］. 上海：上海交通大学，2011.

［36］刘辉，白晓菲 . "两山"理论的实践发展及其在生态文明中的意义 ［J］. 农业经济，2022，425（09）：41-43.

［37］王建国 . 城市风貌特色维护、弘扬、完善和塑造 ［J］. 规划师，2007（8）：5-9.

［38］吴良镛 . 关于山水城市 ［J］. 城市发展研究，2001，8（2）：17-18.

［39］孙畅，邱峰 . 从山水画到山水城市风貌特色塑造的规划探索——以台州市黄岩区永宁江滨水风貌区城市设计为例
      ［J］. 新建筑，2022（05）：147-151.

［40］霍尔姆斯·罗尔斯顿Ⅲ . 哲学走向荒野 ［M］. 刘耳，叶平，译 . 长春：吉林人民出版社，2000.

［41］吕卫丽，叶海涛 . 罗尔斯顿哲学思想中的荒野之美 ［J］. 教育教学论坛，2015（39）：3-4.

［42］王向荣 . 城市中的野性自然 ［J］. 中国园林，2022，38（08）：2-3.

［43］张晓玮 . 荒野思想与生态设计理念在乡村景观设计中的实现 ［J］. 设计艺术研究，2020，10（05）：20-23，39.

［44］姚月，张洪剑，刘亚茹 . 面向高质量发展的城乡景观风貌管控法治建设研究——以广东省为例 ［J］. 城乡规划，
      2021（Z1）：108-116.

［45］马浩然，王乐君 . 城乡统筹发展视角下的乡村景观值及规划设计方法——以重庆市梁平县双桂湖公园为例
      ［J］. 中国园林，2021，37（S1）：134-138.

［46］贺岩丹 . 基于使用状况评价（POE）的合肥市城市公园更新研究 ［D］. 合肥：合肥工业大学，2016.

［47］俞孔坚 . 论风景美学质量评价的认知学派 ［J］. 中国园林，1988（01）：16-19.

［48］Ervin Zube H，James Sell L，Jonathan Taylor G. Landscape perception：Research，application and theory
      ［J］. Landscape Planning，1982，9（1）：1-33.

［49］杨洋，黄少伟，唐洪辉 . 景观评价研究进展 ［J］. 林业与环境科学，2018，34（01）：116-122.

［50］李晓颖，王志东 . 乡村景观评价方法研究综述 ［J］. 中国农学通报，2022，38（25）：72-78.

［51］杨翠霞，曹福存，林林 . 大连滨海路海岸带美景度评价研究 ［J］. 中国园林，2017，33（08）：59-62.

［52］杨鹏，薛立，陈红跃 . 森林景观评价方法 ［J］. 广东园林，2003（01）：24-27.

［53］张前进，吴泽民，周文 . 城市景观生态林景观美景度评价 ［J］. 安徽农业大学学报，2014，41（02）：188-192.

［54］孙明艳，李海防，金彪 . 基于 AHP-GIS 空间分析法的龙胜龙脊古壮寨景观评价 ［J］. 北方园艺，2016（18）：
      71-76.

［55］廖景平，郑秋露 . 基于层次分析法的园林景观评价——以华南植物园龙洞琪林为例 ［J］. 西北林学院学报，
      2013，28（06）：210-216.

［56］张晓，戴菲 . 基于 POE 模式的街旁绿地规划设计研究——以武汉市为例 ［J］.《规划师》论丛，2010（00）：
      63-66.

［57］郎小霞 . 滨水空间特色评价指标体系的构建 ［J］. 山东农业大学学报（自然科学版），2018，49（01）：44-46.

［58］武靖宇，席树芃 . 媒介时代，何以为家：网络空间的生存——读《从界面到网络空间：虚拟实在的形而上学》有
      感 ［J］. 科技传播，2021，13（17）：174-176.

［59］郭伏，钱省三 . 人因工效学 ［M］. 2 版 . 北京：机械工业出版社，2018.

［60］张昭希，龙瀛 . 穿戴式相机在研究个体行为与建成环境关系中的应用 ［J］. 景观设计学，2019，7（02）：22-37.

［61］马颖颖，张泾周，吴疆 . 脑电信号处理方法 ［J］. 北京生物医学工程，2007（01）：99-102.

［62］史莉莉，任振东 . 脉搏信号的现代分析方法探讨 ［J］. 信息系统工程，2016（07）：52.

[63] 李仰坤. 草原公路不同光照度下驾驶员脑电特性的研究 [D]. 内蒙古：内蒙古农业大学，2015.

[64] 蒋凡. 时频协同滤波算法设计与分析 [D]. 哈尔滨：哈尔滨工业大学，2016.

[65] 邝爱华，贺宏，谭文秀. 几种典型的时频信号分析方法研究 [J]. 无线互联科技，2013（08）：161.

[66] 张丽娜. 数字信号处理的时频分析方法综述 [J]. 信息技术，2013，37（06）：26-28.

[67] 邓丽，陈波，庞茜月，等. 电脑技术在文化创意产品情感化设计中的应用 [J]. 图学学报，2018，39（02）：327-332.

[68] 刘雯华. 不同森林景观结构空间对大学生复愈性影响研究 [D]. 咸阳：西北农林科技大学，2019.

[69] 梁家铭，陈树林. 积极情绪影响认知的理论模型研究新进展 [J]. 应用心理学，2015，21（02）：157-165.

[70] Briesemeister B B, Tamm, S, Heine, A, Jacobs A M. Approach the good, withdraw from the bad—A review on frontal Alpha asymmetry measures in applied psychological research. Psychology，2013，4（3A）：261-267.

[71] 窦雪. 基于 EEG 分析的芳香植物对大学生心理生理影响研究 [D]. 沈阳：沈阳建筑大学，2021.

[72] Li Z, Munemoto J. Comparative study on waterscaped and non-waterscaped spaces using electroencephalogram analysis：Audio-visual experiment on outer spaces of Chinese residential quarters basing on EEG measurement [J]. Journal of Architecture and Planning（Transactions of AIJ），2010，75（647），67-74.

[73] Shin Y B, Woo S H, Kim D H, et al. The effect on emotions and brain activity by the direct/indirect lighting in the residential environment [J]. Neuroscience letters，2015，584：28-32.

[74] 陈波，邓丽，蔡船，等. 基于情绪脑电的交互原型方案评价研究 [J]. 包装工程，2017，38（10）：110-114.

[75] 魏琳，沈模卫，张光强，等. EEG 波形伪迹去除方法 [J]. 应用心理学，2004（03）：47-52.

[76] Jansson M, Fors H, Lindgren T, et al. Perceived personal safety in relation to urban woodland vegetation—A review [J]. Urban forestry & urban greening，2013，12（2）：127-133.

[77] Jorgensen A, Hitchmough J, Calvert T. Woodland spaces and edges：their impact on perception of safety and preference [J]. Landscape and Urban Planning，2002，60（3）：135-150.

[78] 孟小峰，慈祥. 大数据管理：概念、技术与挑战 [J]. 计算机研究与发展，2013，50（1）：146-169.

[79] 程洁心. 大数据背景下基于 GIS 的景观评价方法探究 [J]. 设计，2016（1）：52-56.

[80] 党安荣，张丹明，李娟，等. 基于时空大数据的城乡景观规划设计研究综述 [J]. 中国园林，2018，34（3）：5-11.

[81] 王成宇. 基于历史文脉与自然风光融合的村庄规划——以浙江省绍兴市横板桥村为例 [J]. 建设科技，2024（06）：43-47.

[82] 刘培，过秀成，王树盛，等. 基于活动链与游客心理的县域旅游出行方式选择 [J]. 现代城市研究，2023（07）：24-29.

[83] 余显显，张官昊，周蒙蒙，等. 基于 PLUS 模型的沙颍河流域生态系统服务价值评估 [J]. 许昌学院学报，2024，43（05）：31-36.

[84] 徐彩瑶，曹露丹，汪婧宇，等. 京杭大运河江苏段生态系统服务与经济发展的耦合协调关系及其贡献/障碍因素识别 [J]。生态学报，2025，45（03）：1137-1153.

[85] 吕岩威，刘洋，李平. 中国技术经济研究的动态知识图谱分析 [J]. 科学决策，2017（08）：69-94.

[86] 王桥，刘绍民，王国强，等. 我国生态环境监测网络体系发展研究 [J]. 中国工程科学，2024，26（05）：212-222.

[87] 白静. 全面进入绿色低碳轨道加快实现美丽中国目标《中共中央、国务院关于加快经济社会发展全面绿色转型的意见》印发 [J]. 中国科技产业，2024（10）：20-23.

[88] 黄艳雁，陶紫茵. 基于多元参与的历史街区保护更新机制研究 [J]. 城市建筑，2024，21（13）：55-60.

[89] 高贵现. 中国数字乡村建设水平测度、动态演化及收敛特征 [J]. 统计与决策，2024，40（20）：119-124.

[90] 王子豪，贾钺，赵伟. 乡村数字基础设施与共同富裕——基于"宽带乡村"试点工程和电信普遍服务试点项目的证据 [J/OL]. 世界农业，2025（01）：103-115.

[91] 赵纯平，崔成. 智慧城市研究热点、前沿和发展趋势的可视化分析 [J]. 住宅与房地产，2024，（27）：24-27.

[92] 白惠如. 基于 AVC 理论和 GIS 技术的五凤古镇景观规划 [D]. 雅安：四川农业大学，2014.

[93] 周晓. GIS 在景观规划设计中的应用 [J]. 科技资讯，2005（27）：19-21.

[94] 杜鹏飞. 数字乡村三维虚拟地理信息系统设计与实现 [D]. 廊坊：北华航天工业学院，2021.

[95] Jokar P, Masoudi M. Evaluation of ecological capability and land use planning for different uses of land with a new model of EMOLUP in Jahrom County, Iran [J]. Frontiers of Earth Science，2023，17（02）：561-575.

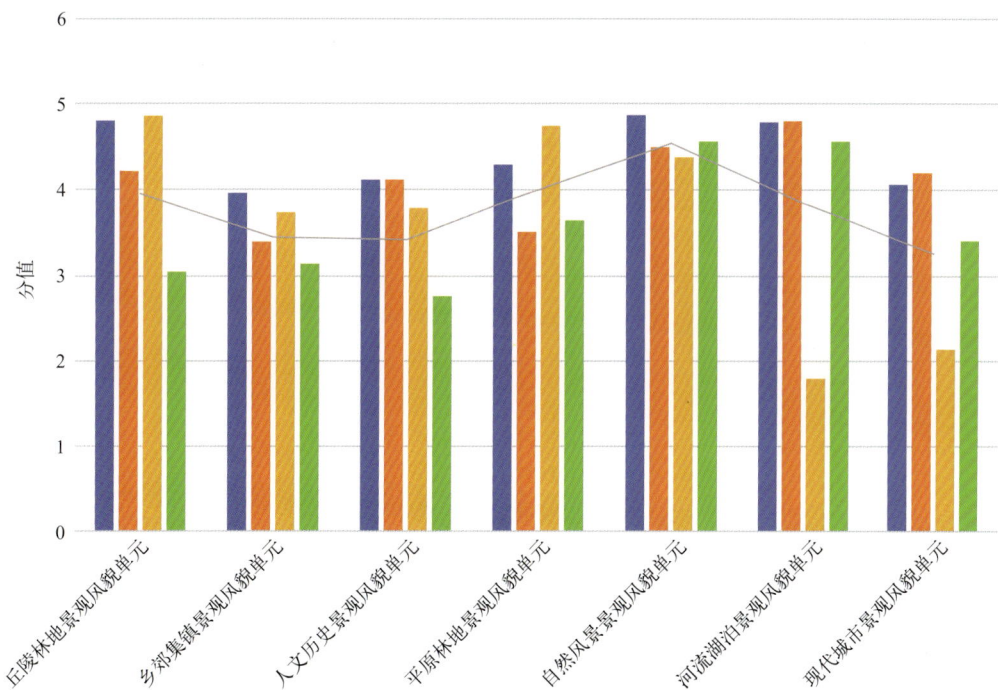

图 6-16　自然地理价值评价结果

■气候舒适度 C1；　■水文丰富度 C2；　■植被覆盖率 C3；　■地形地貌多样性 C4；　—自然地理价值

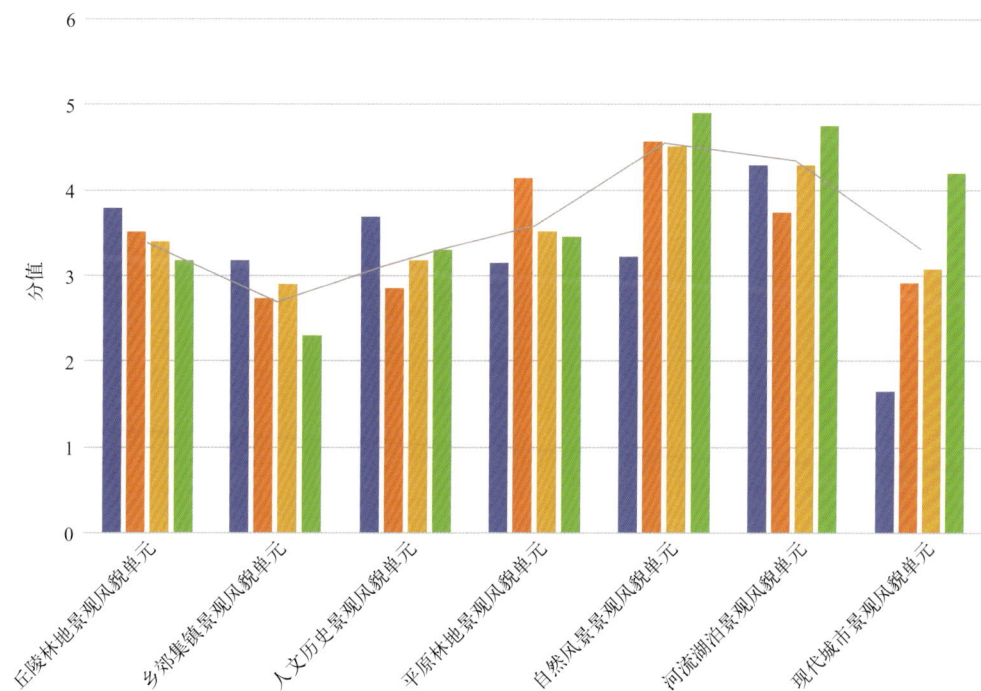

图 6-17　景观感知价值评价结果

■景观视觉干扰度 C5；　■景观色彩多样性 C6；　■景观构成协调性 C7；

■自然景观独特性 C8；　—景观感知价值

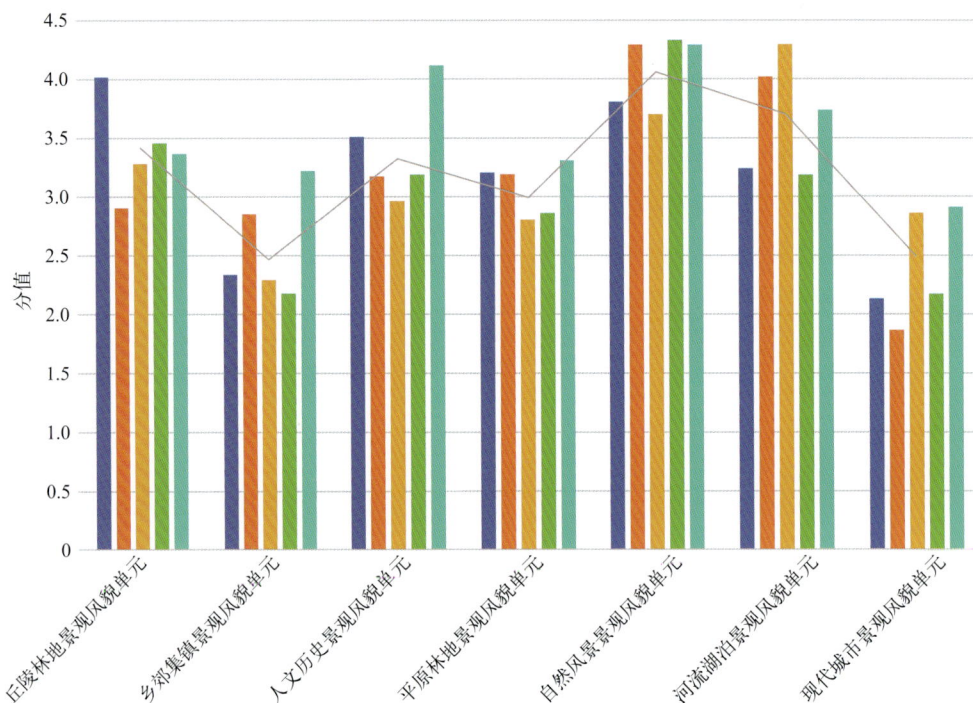

图 6-18 建筑环境价值评价结果

■ 建筑色彩和谐性 C9； ■ 建筑高度协调性 C10； ■ 建筑风格地域性 C11；
■ 建筑风格统一性 C12； ■ 建筑与环境协调 C13； —— 建筑环境价值

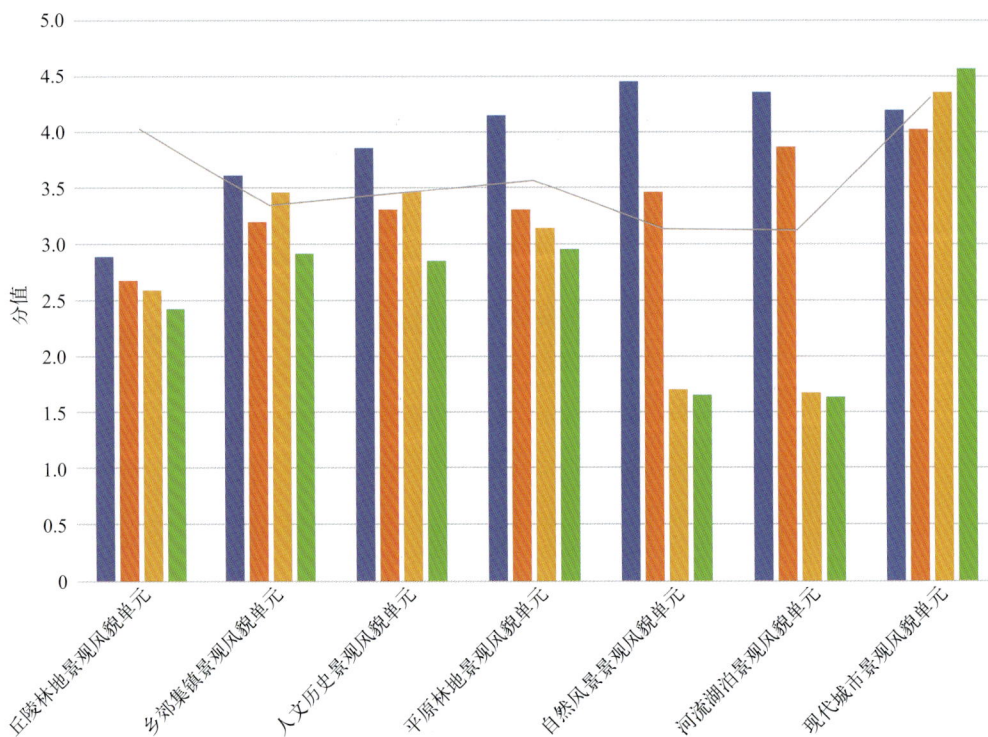

图 6-19 公共空间价值评价结果

■ 环境整洁度 C14； ■ 公共空间多样性 C15； ■ 公共建筑多元性 C16；
■ 公共设施丰富度 C17； —— 公共空间价值

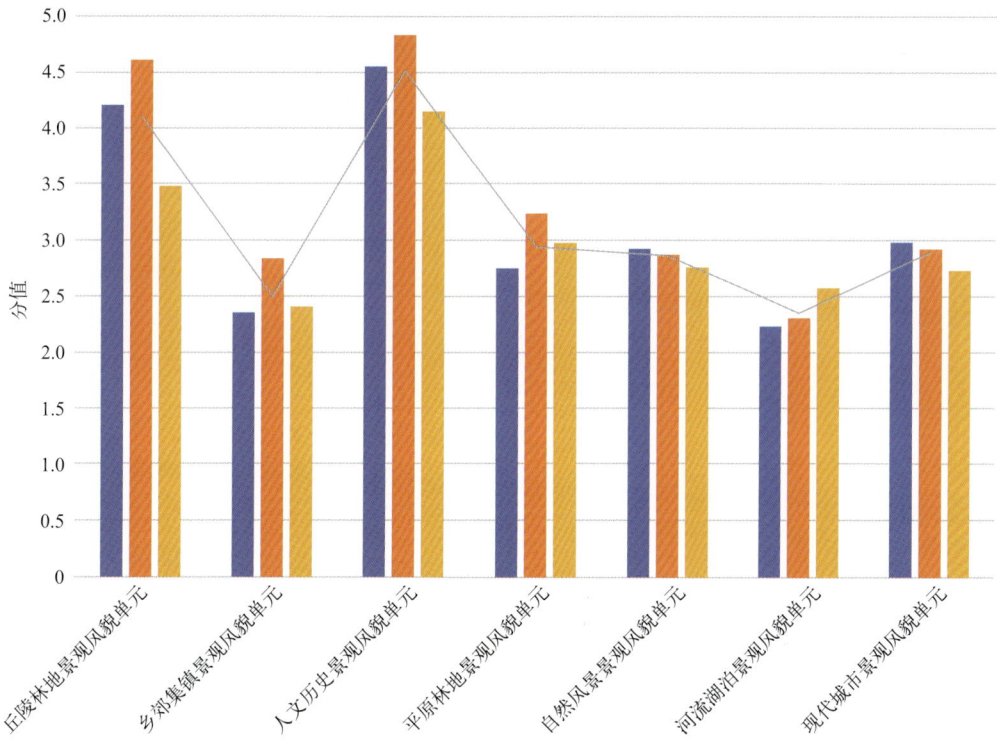

图 6-20　历史文化价值评价结果

■ 文化延续性 C18；　■ 历史古迹丰富度 C19；　■ 文化多样性 C20；　——历史文化价值

图例

① 青年旅社
② 南溪书院
③ 观水民宿
④ 观山民宿
⑤ 酒吧·轻餐
⑥ 无边际泳池
⑦ 餐厅
⑧ 公共配套用房
⑨ 轻奢民宿
⑩ 活动草坪
⑪ 产业步道
⑫ 养蚕大棚
⑬ 设备管理用房
⑭ 停车场
⑮ 网红滑梯
⑯ 水上滑板
⑰ 桑田
⑱ 溪滩露营烧烤
⑲ 溪滩泳池
⑳ 溯溪露营草坪
㉑ 礁石溪滩
㉒ 桑蚕品牌形象店
㉓ 主入口

图 8-7　总平面图

图 8-8　鸟瞰图

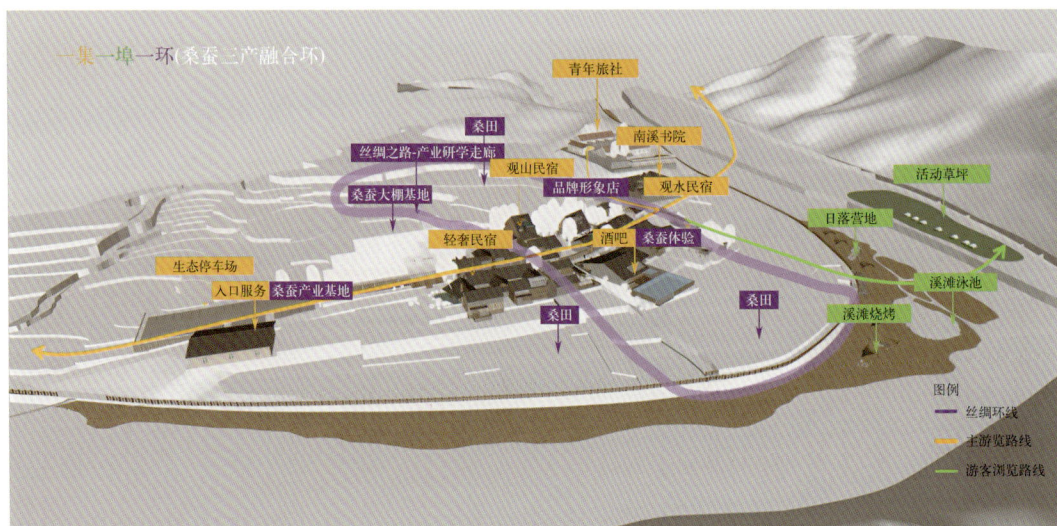

图 8-9　规划结构

图 8-12　入口效果

图 8-13　村民自建乡土景观

图 8-18　李集老街夜景

图 8-19　皖西大屋空间格局

图 8-20　现代与传统材料融合

图 8-21　传统建筑门堂

图 8-22　乡土风貌街巷

图 8-23　青石砖与夯土砖建设

图 8-24　新旧景观融合

图 8-25　餐厅夜景

图 8-26　街道夜景

图 8-30 总平面图

① 红岭公路 (X056 县道)
② 二期商业新街
③ 主入口
④ 停车场 (停车位共92个)
⑤ 红源广场
⑥ 星之所向景观灯
⑦ 星之所向主题雕塑
⑧ 苏维埃人行桥
⑨ 红日剧场
⑩ 小镇客厅
⑪ 小镇客厅前广场
⑫ 机动车临时停车位
⑬ 星火燎原雕塑
⑭ 实验中学主入口
⑮ 汤家汇镇实验中学
⑯ 山体浮雕——千秋颂
⑰ 集散广场
⑱ 公共厕所
⑲ 现状停车场
⑳ 接善寺

㉑ 红星之路
㉒ 红军井节点
㉓ 红军古街
㉔ 红军广场
㉕ 保卫局
㉖ 总工会
㉗ 红军医院旧址
㉘ 赤城县邮政局旧址
㉙ 赤城县苏维埃政府旧址
㉚ 红军银行旧址
㉛ 古街出入口
㉜ 将军桥
㉝ 休闲广场
㉞ 红源绿道
㉟ 亲水栈道
㊱ 滨水广场
㊲ 健身广场
㊳ 现状公交总站
㊴ 翻板坝
㊵ 革命烈士纪念园

图 8-31　总体鸟瞰图

图例：

$\longleftrightarrow$　对外交通流线

- - - →　车行流线

------　人行流线

图 8-37　交通流线

(a)情深雕塑

(b)笔架山农校"青年读书会"雕塑

图 8-38　古街研学区入口景观效果图

(a)改造前

(b)改造后效果

图 8-39　沿街立面改造前后示意

(a)立面细节改造

(b)建筑立面效果

(c)店招细节效果

(d)街道局部鸟瞰

图 8-40　沿街立面改造效果

外焰 ┤火炬花
　　└火星花
内焰 ┤大花萱草
　　├金焰绣线菊
　　└火焰南天竹
焰心 ┤紫叶小檗
　　└红色火山岩

图 8-41　花镜植物配置效果

接善寺旧址

补植鸡爪槭、红枫等色叶植物，那一团团火似的红枫，如红军战士的鲜血染成

补植常绿灌木，与现状植物形成组团，增加植物景观的层次性

图 8-42　山体绿化改造效果

主体结构三根钢柱象征着从汤家汇诞生的三支红军队伍

象征汤家汇镇版图

图 8-43　主题雕塑细节展示

图 8-53 苏维埃桥效果

图 8-54 集散广场效果

图 8-55 "金刚台上妇女排"雕塑效果

(a)健身广场

图 8-56

(b)亲水栈道

图 8-56 滨水休闲区效果图

图 8-58 入口构筑物及周边植物改造效果

(a)浮雕效果

长征胜利　　红军长征途中　　笔架山农校　　　　金刚台妇女排　　　军民鱼水情
　　　　　　最后的党费故事　　早起的党组织

浮雕展开图

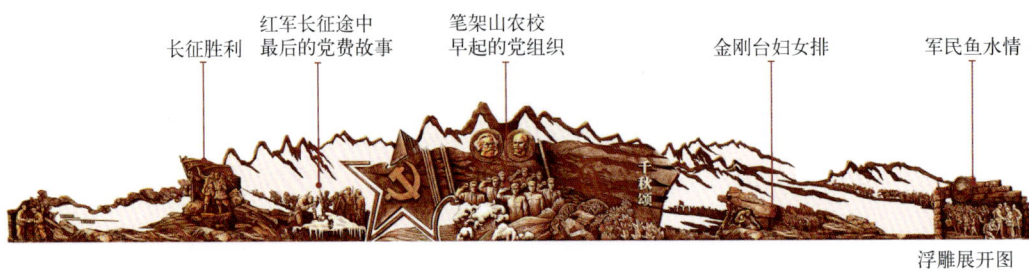

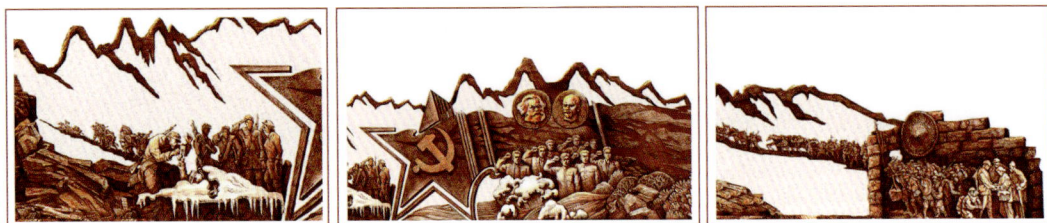

(b)浮雕细节展示　　　　　　　　　　　　　　　　　　　　　　　　细节放大图

图 8-59　山体浮雕效果